散歩が楽しくなる

樹の手帳

KINOTECHO

岩谷美苗 著

東京書籍

はじめに

最近では、樹木はオシャレでないとダメだったり、花が咲かなかったら「価値がない」といわれたり、と、とかく見かけが重視されます。さらに秋には落ち葉が汚いと苦情が絶えず、残念ながら街の樹はお荷物にもなっています。そうかと思えば、樹が伐採される計画には反対運動が起こり、その対応策として強剪定された樹々は、じわじわ衰退を待つことになります。これでは樹にも人にも、いいことは全くありません。

私が思うに、一番残念なのは樹木の「素の」良さが伝わっていないということです。一面のお花畑、一面の桜……などは人気ですが、そんな花の美しさなんて足元にも及ばないぐらい、樹木たちは面白いことをやっています。注目さえされない地味な樹木が、柔軟で奇想天外な生き方をしていると知ったら、身近な風景ががらりと変わることでしょう。

この本では一〇二種の樹木を紹介しています。日本にはたくさんの樹が暮らしていて、どこへ行っても樹木はあります。いつでもどこでも、横断歩道で信号を待っている間でも、樹木を眺めて楽しむことができます。

私は都内各地に知り合いの樹木がいて、近くに行くときは会いに行くようにしています。一〇年以上、知人（？）樹木の定点写真を撮っているので、それを見せながら木々のドラマを講座で紹介したりしています。講座では木に関する質問がくるのかと思いきや、「こんな人間初めて見た」、「この生き辛い日本で、どうやってあなたは生きてきたんですか？」と驚かれます。木を守れ的な定番の落としどころじゃないから、驚いたのでしょう。

樹木といえば「苦情」か「保護」のどちらかで、どうも樹木を語るとき、窮屈な雰囲気があります。私はもっと笑いがあれば、たくさんの人が自由に樹木について語り合えるのではないかと考えています。この本もがんばって面白くしたつもりなのですが、スベッていたら申し訳ありません。この本を読んでいただき、「こんな変わった見方をしてもいいんだ」と、樹に興味をもってもらえたら幸いです。

岩谷美苗

もくじ

本書の使い方

本書は樹木を都会と郊外の環境を目安として、よく見かける場所ごとに章分けしています。

①上から順に、樹木の科名、名前、学名を記しています（詳しくは次ページ参照）。

②「見つけやすさ」「花の美しさ」「したたかさ」を著者がそれぞれ三段階で評価しています。

③樹木に関するおもな情報です（詳しくは次ページ参照）。

④樹木の写真です。上から順に葉の拡大、全体像、幹の拡大です。

⑤その樹木に関連した写真です。花や果実、種や冬芽を中心に掲載していますが、それ以外にも特徴的なものを取り上げています。キャプションで説明を付しました。

⑥その樹木をおぼえやすいように、特徴などを「木をおぼえる短歌」にしてみました。

⑦より散歩が楽しくなるように、その樹木について著者の観点から雑学的に説明しています。

図鑑の情報の見方

科の分類・学名

近年、DNAの塩基配列に基づいてAPG体系という新たな分類が行われています。本書の科名や学名はAPG体系に基づきました。

見つけやすさ・花の美しさ・したたかさ

三段階で示しました。「見つけやすさ」は都会と郊外の環境を目安として判断しています。樹種によっては街路樹や公園などで人為的に植生されるので、都市部でよく見られ郊外や里山では稀であったり、特定の場所で非常によく見られたりなど、見つけやすさには必然的に偏差が生じます。ひとつの目安としてご利用ください。「花の美しさ」は、樹木には受粉で鳥や虫にアピールするためなどに美しい花を咲かせるものが多くありますが、一方、風媒花など他の生物にアピールする必要のない樹木は控えめな花であったりもします。そのあたりのことも含み込み、判断しました。「したたかさ」については、繁殖能力が高いものや、つる性の樹木、外来種として問題になっているものなどは高く評価しました。

花期・果実期

おおよその花が咲いている時季や実をつける時季です。環境によっては季節にかかわらず臨機応変に花を咲かせることや、季節外れの花が咲く「狂い咲き」（→P021）というのもあります。また、地域の気候によっても異なります。

自生地

その樹木が日本在来の場合、日本国内のおもな自生地を記しました。

人為的分布

人為的に植生され分布している地域を記しました。

おもな用途

その樹木のおもな用途を記しました。「以前は〜として使われていた」など、かつての用途を記したものもありますが、現代においてもその用途を十分に為すかは定かではありません。また、食用や薬用については、その安全性や効能について必ずしも医学的に保証されているものではありませんので、個人の責任においてご使用ください。

木のキホン

木は大きくなる生き物

木は長い時間、同じ場所で生活します。その場所で大きくなり、占有することで成功してきました。一粒の種からはじまり、小さな芽生えから何十年何百年かけて大きくなります。

大きくならない木もある

木の下でも生きられる木や過酷な場所で生きる木など、大きくならない木もあります。マンリョウ（P154）などの小さな木は新しい枝を下から出し、数年で古い枝と交換していきます。

大きくなり方

年輪は中心が古くて外側に毎年新しく重ねられていきます。年輪の中心はほとんど使われず、新しく作った年輪をよく使います。年輪を数えて樹齢を調べたり、過去の出来事を推理できます。

幹が伸びると思っている人がいますが、伸びるのは新しい枝だけで、幹や枝の途中は伸びません。枝の分岐の位置もほぼ変わらないのです。分かれている木は、二又に分かれている高さで切られて、枝がそこから伸びたのです。

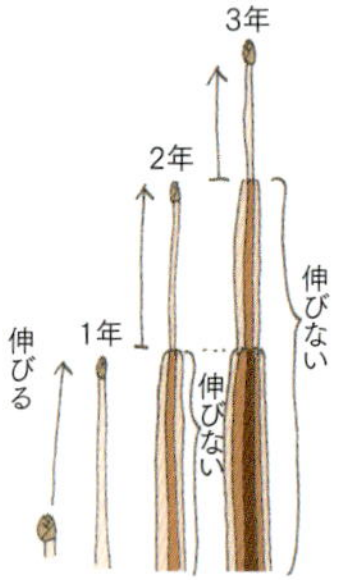

数本が合体して、太

い幹になっている木もあるので、太いからといって、古い木とは限りません。

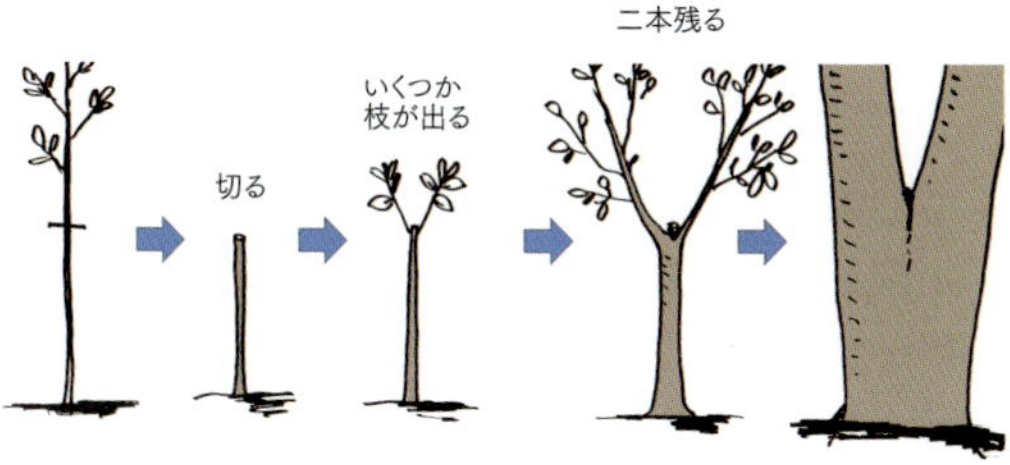

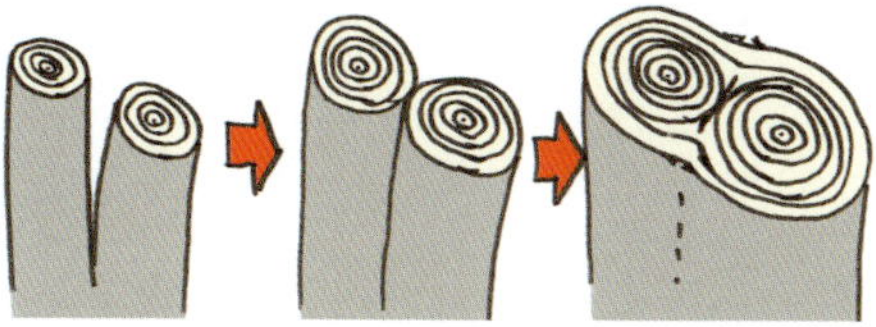

外側が大事

大きな木の幹には、生きている部分と死んでいる部分があります。生きている細胞は、形成層と篩部《しぶ》、放射組織などです。形成層はとても薄い層で、形成層の内側は新しい年輪（木部）となり、形成層の外側は篩部となります。中央の色の変わった部分は心材といい、すでに死んだ部分です。水を吸い上げるために使っている道管は、新しい年輪のものを使う木が多いです。ケヤキなどの環孔《かんこう》材《ざい》（年輪に沿って道管が並んだ材）の木は、今年作った年輪でしか水を吸い上げません。

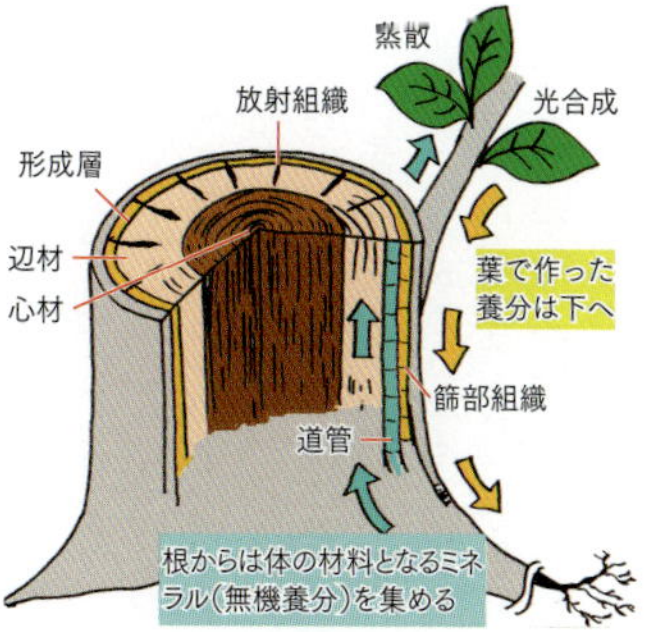

葉っぱと根のはたらき

一般に木は根で栄養を吸収しているというイメージが強いのですが、それだけでは生きていけません。根からは主に体の材料となるミネラル（無機栄養）を水と一緒に吸い、葉から水を出し、葉が光を受けて作る糖などは、葉から主に下方へ運ばれます。この葉から下へ運ばれるイメージで木を眺めてみてください。木の思惑が見えてきませんか？　木は下からミネラルと水を吸い上げ、葉から下方向への養分を送り、両方のバランスをとって生きています。ちなみに幹に聴診器をあてても水が流れる音は聞こえません。聞こえてくるのは、枝がアンテナになり捉えた音です。風や沢の音、遠くでやっているお祭りの花火の音などが聞こえてきます。

からっぽでも平気

樹皮や外側の年輪はとても大事で、特に幹の形成層をぐるりと一周失うと、木は枯れてしまいます。たとえ数㎝の幅でも上からの糖の流れが止まるのは、致命的となります。これが一番の木の弱点だといえます（木によっては柔細胞から樹皮を再生することもあります）。これを林業では「巻き枯らし」と呼び、下草が生えないように、木をゆっくり枯らす方法として用いています。

一方、空洞があっても形成層がある木は、簡単には枯れません。形成層さえあれば新しく年輪を作ることができます。空洞なら、折れないようにかえって早く太る可能性もあります。木は中身がなくても平気で、外側（形成層など）がとても大事なのです。

葉っぱは木の収入源

木の収入は葉っぱで作ります。葉で光合成をして、栄養（糖）をつくって、根や幹や枝葉にためます。その貯蓄は自らの呼吸や、子どもを作ったり、受粉を手伝ってくれる虫にアピールする花を咲かせたり、新しい枝葉や根を作ることに使います。

実がたくさんできることは、それほど葉をたくさんつけて稼ぎが良くて元気が良いということですが、元気が良くても実をつけないことがあります。木は何百年も生きることができるので、毎年無理して実をつける必要はなく、数年おきに実をつければ十分なのです。栽培される果樹などは、毎年実をたくさんつけてもらわないと困るので、剪定により「子孫を残さないと枯れるかもよ」と木に危機感を与え、実をならせています。花を取り、実をならせないようにして毎年花を咲かせる方法もあります。

木は枯れる前に大量の実をつけることがあります。実がつけられない程、限界を迎えている木もありますが、木は死ぬ間際にも子どもを残すことができる生き物なのです。

枝は独立採算制

一本の木の枝をよく見ると、元気な枝と元気のない枝があります。「元気な枝から元気のない枝に栄養を送ればいいのに」と思いますが、それはできません。その枝先の葉たちが稼ぐ分で維持する「独立採算制」なのです。葉が少なく日が当たらない枝は、みずから枯れていきます。日当たりの良い稼ぎの良い枝には、たくさん花がつき実がなります。

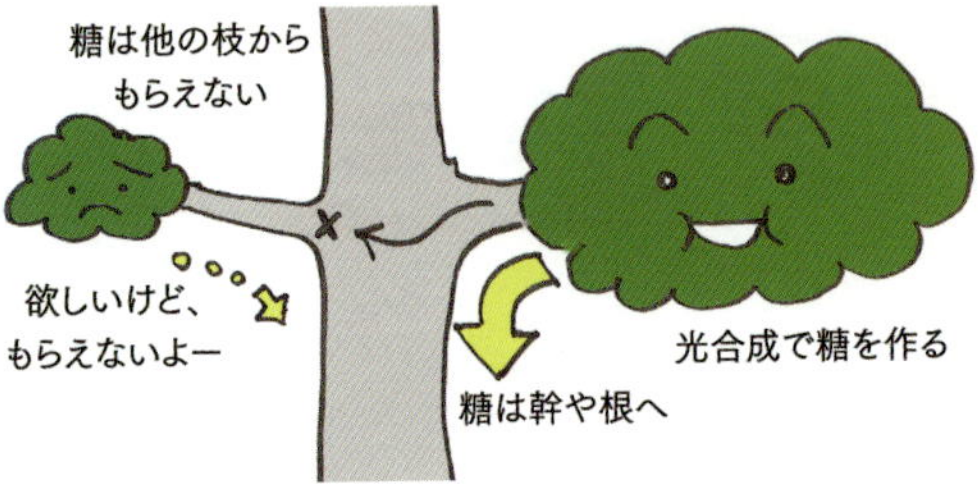
糖は他の枝から
もらえない
欲しいけど、
もらえないよー
光合成で糖を作る
糖は幹や根へ

ひこばえ・胴吹きの意味

根元から出る枝を「ひこばえ」、幹や枝の途中から出るのを「胴吹き」と呼びます。出る位置によって名前は違いますが、出る理由は一緒。葉が足りないので、応急処置として急きょ葉を出します。

ひこばえや胴吹き枝は、「みっともない」、「栄養を取る」といわれ剪定されるのですが、切ったら出なくなるものではありません。栄養を取られるなら最初から出さないし、出して維持ができないなら自分で枝を枯らすでしょう。樹上に十分に枝葉があれ

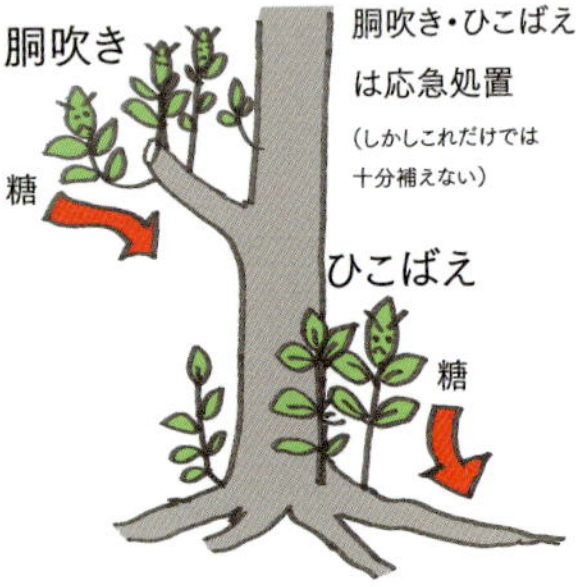
胴吹き
糖
胴吹き・ひこばえ
は応急処置
(しかしこれだけでは
十分補えない)
ひこばえ
糖

ば根元は日陰になるので、出す必要はなくなります。

　日本のマツは、ひこばえ・胴吹き枝を出せません。崩壊地に暮らすヤナギ類などは、倒木したときの保険としてひこばえを出しています。

　切り株から、枝葉（ひこばえ）が伸びている木を見たことがありますか？木は伐採されても、完全に枯れたわけではありません。生きている根や樹皮があれば、そこから新しい枝葉を出し

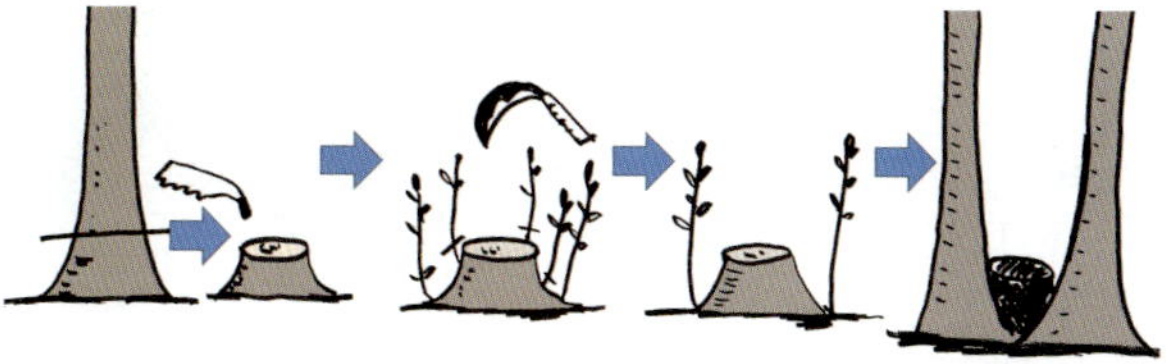

て、また一から始められるのです。ただ、若木の方が芽を出しやすく、年を取るほど出しにくくなります。昔は根元から木を切って、ひこばえを出して育て（萌《ほう》芽《が》更《こう》新《しん》）、薪や炭の材料にしていました。主に若い広葉樹で行われていました。針葉樹はひこばえが出ないものが多く、根元で切ると枯れてしまいます。

枝の役割分担

　上枝は日光が当たり、光合成が盛んな場所です。下枝は上枝の陰になり、光の量が少なく、光合成は盛んではありません。

　林業では節（枝の痕）がない材を取るために、枝打ちという作業があります。下枝を切り、左図の木のような形になります。街の木も邪魔な下枝を切ることが多いのですが、下枝は安定して立つために

とても重要です（下図の木）。下枝があると重心が下になり、幹の形も安定した形になります。林業地では木がお互い風を遮るので簡単には倒れませんが、風の強い場所では下枝はあった方が良いでしょう。

剪定の仕方も、若い時は剪定量が多くても再生できますが、老木になってからは生きた枝はなるべく残し、枯れ枝だけを除去するようにすると良いでしょう。

一度にたくさんの枝を失うと、枯れるリスクが高まります。下の図のように断幹

されると、胴吹き枝を出してこれ以上枯れ下がらないように食い止めます。そのような枝の役割をふまえて、枝を残しましょう。

大枝を切断され、胴吹き枝を出し太い枝をなんとか維持しようとしているのに、すべて剪定して枯らしているのを見ます（下図）。これは、枝葉の役割を理解していないのだと思います。

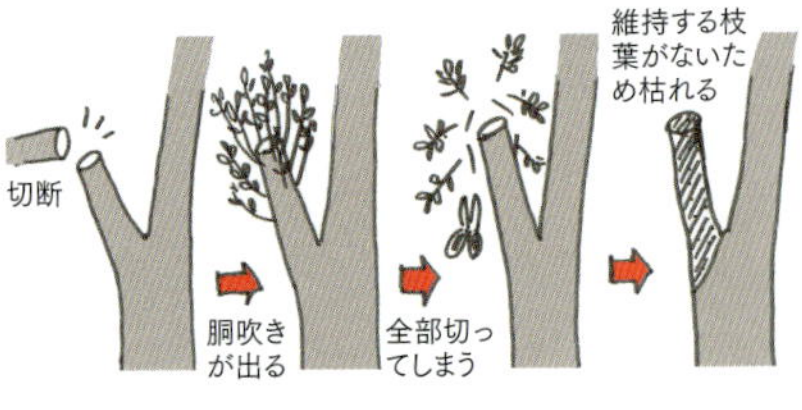

光が当たらない所に葉をつけても無駄

次ページの写真の生垣を眺めてみると、木の下は、日陰で生垣に穴がたくさんあいています。日当りが良いところは、葉が密についています。わずかな光の量の違いで、葉をつけるか

どうかを判断しているかのようです。

日向と日陰の生垣を同じように刈り込んでいると、日陰の場所は下枝が枯れ、葉は上だけになります。日陰の生垣は刈り込まず、上を枝抜き剪定し、下枝に光が届くようにすると良いと思います。

自然の森は木が大きくなるほど木の数は減る

木は密に植えられると、光を得るため競争を始め急速に伸びます。それは山でも、生垣でも同じように繰り広げられます。街ではどうしても完成した植栽を求められるので、かなり過密に植えられます。剪定で対応すると木は弱り、病害虫を呼びます。ゆったり植えて育てるか、間引きするのが有効です。自然の森も木が大きくなるほど、本数は減っていきます。木を植えるのは良いことだと本数競争をしている面がありますが、過密に植えると無理が生じます。育てるための伐採も必要なのです。

落葉樹から常緑樹へ移行していく

自然の森は、落葉樹から常緑樹の森へ移行していきます。草だけの場所に、初めは光が好きな落葉樹が陣取ります。そして、大きくなった樹の下は暗いので、日陰でも耐える常緑樹が成長します。そうして次第に常緑樹の森へ変わっていき、そのまま常緑樹だけで更新していきます。このような変化を植生《しょくせい》遷移《せんい》と呼びます。

公園などは明るい林が好まれるので、広いエリアで木が伐採されることがあります。コナラなどを切り、ひこばえを育てる萌芽更新（P017）を行うためです。落葉樹の森で遷移を止めたいわけです。大木になった木では萌芽力が低いので、若い木のうちに更新されます。

傾いたときのバランスのとり方

木は倒れたら光が十分に得られなくなり、生きていけません。他の木に負けて、光を得るために自ら傾くこともあります。傾いても倒れないようにする方法は、針葉樹と広葉樹ではやり方が違います。

針葉樹は傾きのほうの根が深くなり、

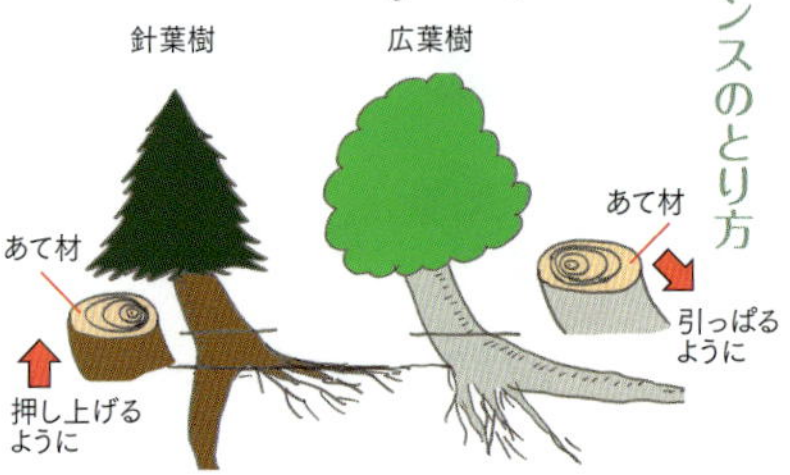

年輪も傾き方向が太くなります。この太くなり支えようとする材を「あて材」といいます。広葉樹は傾きの反対側にあて材を作ります。枝を支える時も同じようにあて材を作りますが、環境によって違うこともあります。

木はとても重い体重を支えています。傾いている木がバランスをとるために伸ばす根を傷つけないように気をつけましょう。

ちなみに年輪の幅が広いほうが南というのは迷信です。

木の一年

木は春から枝葉を伸ばし、葉を開いて光合成をします。夏には来年の冬芽を作り、秋に落とす葉からミネラルを回収し冬になる前に寒さに備えます。冬が一番蓄積エネルギー（貯蓄）が多い状態です。そして春、この貯蓄を使い枝葉を出し、梅雨時はちょうど貯蓄を使い切った時期になります。木が一番元気に見える梅雨時ですが、懐具合は危うい時期なので、木によっては強剪定や移植などに耐えられないこともあります。

夏は葉で冷やす

木は根から水を吸い上げ、葉裏の気孔からそのほとんどの水を出すという「蒸散」を行います。蒸散により気化熱を奪い、気温を下げ、木は光合成の最適温度（約二五℃）にしようとしているのです。

蒸散する葉がたくさんあるほど涼しくなるのですが、夏を前に枝を切られることが多く、木は温度を下げられず暑さで弱ってしまいます。我々も葉っぱの冷房を受けられず、損しています。また、どんなに小さな木でも、雑草でも、だいたいみんな蒸散を行っています。夏はできるだけ葉を維持して、涼しくなってから剪定や除草をしてはどうでしょう。

狂い咲き

季節外れの花が咲くことを狂い咲きと呼びますが、植物が狂っているわけではありません。

もし気候変動が起こったとき、みんながみんな規則正しく花をつけていたら、子孫を残せず絶滅するかもしれません。そんな異常事態に備えて、間違うものも用意しているのです。人間でもみんなと合わせられない変なやつら（私を含め）がいると思いますが、異常事態で役に立つかもしれません。どうか優しくしてやってください。

もしすべてが満たされていたら

土や水、光、温度、空気などなど、すべてが植物の理想とする環境になったとしたら、さぞ伸び伸びと成長すると思うでしょう。実際は逆で、あまり成長が良くありません。すべて満たされた環境では、生命力が弱くなってしまうようです。もちろんストレスが強いのはいけませんが、人も一緒だと思います。南の島で毎日ゴロゴロするようなストレスが全くない状態は、体に良くないかもしれません（人によりますが……）。私も「家事が面倒だ」と、ほぼ毎日ストレスを感じていますが、もしかするとそれは健康にいいことかもしれません。

木に対するイメージあるある

木の元気がなくなると、都会は空気が悪いからと思う人が多いのですが、現在、大気汚染で枯れる木は身近にはほとんどありません。また、酸性雨を心配する人もいますが、日本の木はもともと弱酸性の土を好むので、心配はいりません。逆に中性～アルカリ性が苦手で、都会ではコンクリートの影響でアルカリ性が強く、弱っている木もあります。他にも温暖化などいろいろ問題はありますが、大きな環境問題というよりも、日常の出来事が衰退の原因であることが多いです。移植、強剪定、深植え、盛り土、日常的に根元を踏まれる踏圧、過湿、他の木や建物の陰になる被圧が衰退の主な原因です。逆に深刻じゃないのに心配されるのは、こぶ、狂い咲きなどです。

また、木はいつも元気なのが普通だと思われていますが、私たちが体調をくずしたり、持病をもっているように、大きな木の幹が多少腐っていたりするのは普通のことだし、病害虫が大発生することもよくあることです。一般に木が弱ったときに病害虫は発生しやすくなります。程度によりますが、昔からの古い付き合いの病害虫は想定内で、虫だけで枯れるということはほぼありません（じつは、虫が出てなんとかしようと剪定し、より弱らせるパターンが一番ありがちなのです）。しかし、付き合いのなかった海外の病害虫には、日本の木は耐性がなく、元気なものでも枯れることがあります。珍しいからと外国のものを持ち込むのではなく、日本在来の樹木のよさを見直すことが大事だと強く感じています。

第1章 街路でよく見かける木

街路樹には、昔は早く大きくなり、木陰を作る樹種が選ばれていました。今は大きくならず、根も張らず、剪定に耐え、腐りにくく、雨にも負けず風にも負けない優等生樹木が求められています。でも、そんな樹木はあるのでしょうか？

天然古代な不思議ちゃん

イチョウ科

イチョウ

Ginkgo biloba

見つけやすさ ★★★
花の美しさ ★
したたかさ ★

漢字名：銀杏、公孫樹

別名：鴨脚樹

類似種：なし

裸子植物／落葉樹／高木／雌雄異株

英　名：Ginkgo, Maidenhair tree

花期：4〜5月

果実期：10〜12月

おもな植栽地・生息地：街路、寺社、公園

原産地：中国（不明とする説も）

人為的分布：北海道中部以南

おもな用途：種は食用。材は天板、碁盤、将棋盤など。葉はイチョウ葉エキスなどにも

学生が「わき汗」と呼んだ気根

葉の葉脈が二又に分かれる（二又分岐）

銀杏

幼葉の折りたたみ方

木をおぼえる短歌

恐竜の時代に世界をまたにかけ　銀杏臭い乳たれるイチョウ

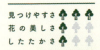

イチョウは、秋に黄色く色づき、どこにでもある木だという印象ですが、じつは絶滅危惧種なのです。もちろん植えたものはありますが、自然の植生はほぼありません。

そんなイチョウは、恐竜の時代には全世界に生えていたようです。イチョウの葉の葉脈を見ると、途中で二又分岐《ふたまたぶんし》しています。二つに分岐する形は昔の植物の特徴です。枝や幹にある乳と呼ばれる気根も、地面に到達するのに時間がかかりすぎてなぜ伸ばすのか疑問です。またイチョウは、植物なのに精子があります。春に花粉が雌しべについてから、秋にようやく精子が放出し受精するようです。そして銀杏《ぎんなん》のあの臭い匂い、「なんの意味があるの?」と、いつも思います（タヌキは食べますが、イチョウの繁栄には繋がっていません）。昔は意外な役割があったのかもしれません。タイムスリップできたら見てみたいものです。

イチョウは街路樹として、火災から街を守ることも求められています。イチョウは燃えにくい木で、都内でも火災から生き延びたイチョウたちがいます。街路樹の過酷な剪定や踏まれて乾いた土に耐え、火災にも強いイチョウですが、何より苦手なのは過湿な土です。池のそばの湿地や水はけの悪い場所はお手上げのようで、枝先が枯れています。元気がない木は黄葉もかなり早く始まります。

本当に理解が難しい不思議ちゃんですが、ある種天然な古さが好まれ、今再び世界に広く植えられています。

したたかなアイドル

バラ科
サクラ（ソメイヨシノ）

Cerasus × yedoensis

見つけやすさ
花の美しさ
したたかさ

漢字名：染井吉野

別名：ヨシノザクラ

類似種：ヤマザクラ、オオシマザクラほか

広葉樹／落葉樹／高木／雌雄同株・同花

英名：Cherry blossom

花期：3～5月

果実期：6～7月

おもな植栽地・生息地：街路、学校、寺社、公園

原産地：日本（栽培品種）

人為的分布：北海道中部～九州

おもな用途：観賞用

葉の付け根の蜜腺でアリを呼ぶ

ソメイヨシノの実

花の柄は毛が多い

一つの芽から複数の花が咲く

木をおぼえる短歌

葉のつけね蜜が出るイボ　アリを呼ぶ
秋は毛虫で鳥を呼ぶサクラ

桜といえばソメイヨシノ。誰もが知っている品種です。エドヒガンとオオシマザクラが親で、葉の柄や芽に毛があるのは、毛深いエドヒガンの血を受けついでいるからです。ソメイヨシノはクローンで、遺伝子はどの木も全く一緒です。クローン同士、自分相手に譲ることはまずなく、かなりシビアな光争奪競争をしています。まるでアイドルのセンター争い。でも、育てるファンがいないと消えてしまう品種です。桜の花の蜜は甘く、メジロやスズメ、ヒヨドリなどがやって来ます。花が終わっても葉っぱの付け根のいぼ（花外蜜《かがいみつ》腺《せん》）から蜜を出します。葉の蜜でアリを呼び、害虫を寄せつけないためだといわれています。初秋にそんな葉をモンクロシャチホコというガの幼虫の毛虫が集団で食べます。桜もすでに働き終わった葉を失ってもさほど害はなく、毛虫自体も毒はありません。それどころかおいしい虫だそうです。ガの仲間は卵を多く産みますが、自然界ではほとんど成虫になれません。儚い生き物なのです。

近年ソメイヨシノ人気で大量に植えられ、野生の桜と交雑してしまう遺伝子移入が問題となっています。ソメイヨシノは病気にかかりやすく、その遺伝子を野生の桜も受け継ぐ可能性があるのです。野生の桜があるなら、その桜を楽しんでほしい。せっかく山に来て、植えられたソメイヨシノを見てもつまらないでしょう？　桜は本来集団を作らない木。ぽつんと咲く山の桜もよいものですよ。

ニレ科

ケヤキ

Zelkova serrata

見つけやすさ ★★☆
花の美しさ ★☆☆
したたかさ ★★☆

漢字名：欅

別名：槻

類似種：ムクノキ、アキニレ

広葉樹／落葉樹／高木／雌雄同株・異花

英　名：Japanese zelkova, Zelkova tree

花期：4〜5月

果実期：10月〜11月

おもな植栽地・生息地：街路、住宅、公園、里山、河原

原産地：日本

自生地：東北〜九州

人為的分布：北海道中部以南

おもな用途：材は家具、建具の高級材

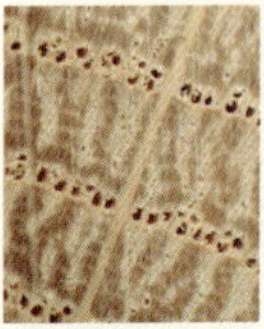

年輪に道管が並ぶ環孔材

おにぎり形の冬芽

実は枝ごと飛ばす

雌花（上）と雄花（下）

木をおぼえる短歌

大人の木パズルのようなケヤキの木
見落としがちな花と実がつく

「ケヤキって花が咲くの?」とよく言われます。ケヤキのように花粉を風で飛ばすタイプは、虫にアピールしないので地味な花でよいのです。ケヤキは特に小さな花をつけ、見つけるのが大変です。実を飛ばすのも風を利用し、小さな葉と実をつけた枝(着果枝《ちゃっかし》)ごと切り離され、遠くに飛ぶ仕組みになっています。モミジ(P114)の種は飛ぶため専用の羽をつけていますが、ケヤキは葉と羽を兼ねた形を採用しているのです。まるで収納つきソファーがベッドにもなるかのような、庶民的かつ大発明なのではないでしょうか。

ケヤキの葉の鋸歯《きょし》も、よく見ると特徴があります。片側がふくらむようにカーブし、几帳面に並んでいます。この形は覚えてしまえば間違えません。ケヤキは環孔材といって、水が通る道管が大きく、年輪に沿って道管が並ぶ材です。環孔材の木は、新しい年輪の道管で水を吸い上げます。昨年の年輪の道管は冬の間に空気が入って使えなくなるからです。新しい道管が出来上がった枝から順次芽吹いていくので、芽吹きは枝ごとにばらばらです。冬芽は小さいオニギリ型で、春の芽吹きはどれほどの葉をひそめているのかと驚くほどの伸びを見せます。まず着果枝を出してから、春に一年分の葉を出します。

ケヤキの樹皮は若い頃はつるっとしていますが、年を取ると樹皮がまだらに剥《は》がれて、パズルのようになります。どこから落ちたかピースをはめてみるのも一興です。

アメリカからきた犬の木

ミズキ科

ハナミズキ

Cornus florida

見つけやすさ
花の美しさ
したたかさ

漢字名：花水木

別名：アメリカヤマボウシ、ドッグウッド

類似種：ヤマボウシ

広葉樹／落葉樹／小高木～高木／雌雄同株・同花

英名：Flowering dogwood

花期：4～5月

果実期：9～10月

おもな植栽地・生息地：街路、住宅、公園

原産地：北アメリカ

人為的分布：北海道南部以南

おもな用途：花は観賞用

うどんこ病が餌のキイロテントウ

花芽の形は玉ねぎのよう

紅葉と赤い実

花は集まって咲く

木をおぼえる短歌

アメリカの木陰がふるさとハナミズキ　ソメイヨシノと交換留学

アメリカにソメイヨシノを送った返礼に送られた木がハナミズキです。樹皮の煮汁で犬を洗うと皮膚病が良くなると、ドッグウッドと呼ばれます。現地では森林内などで見られる木のようで、乾燥に弱い木だと思います。桜が終わるころに白やピンクの花を咲かせますが、花弁にみえるのは苞《ほう》と呼ばれるもので、花は真ん中の小さい集団です。花芽は玉ねぎのような形をしていて花をつつんでいるのです。成長が遅いハナミズキは、剪定代が節約でき、きれいな花も咲くと街路樹として人気の樹種です。乾燥した土だと、花は小さくなる傾向があります。街路樹のように狭い場所だと、根の張りが悪く倒れる木も割にあります。

「土も陽当りも悪くないのにハナミズキが咲かない」という相談をよく受けます。原因はよくわかりませんが、木は長生きできる生き物なので、わざわざ散財して子孫を作らなくても良いわけです。恵まれている場所なら、危機感がなく花が咲かないのかもしれません。また、咲かない質の木もあるようです。

ハナミズキはうどんこ病によくかかっています。キイロテントウはうどんこ病を食べるので、ハナミズキのうどんこ病駆除を手伝ってもらおうと飼ってみたのですが、結構小食。あまり食べてくれないものです。

ハナミズキはきれいですが、どこへ行ってもアメリカのハナミズキばかりになると、日本在来の生き物に影響があるのではないかと心配しています。

街路樹の優等生

ムクロジ科

トウカエデ

Acer buergerianum

見つけやすさ
花の美しさ
したたかさ

漢字名：唐楓

別名：三角楓

類似種：ウリカエデ、ハナノキ

広葉樹／落葉樹／高木／雌雄同株・異花

英名：Trident maple

花期：4～5月

果実期：9～10月

おもな植栽地・生息地：街路、住宅、公園

原産地：中国

人為的分布：北海道南部以南

おもな用途：街路樹

トウカエデの街路樹

ギザギザの多い幼い葉

羽つきの飛ぶ種

小さな花

木をおぼえる短歌

街路樹をそつなくこなすトウカエデ　剪定に耐え秋に色づく

中国原産のトウカエデは、モミジ（P114）と同じ形の飛ぶ種をつけ、葉はギザギザがあるのとないのがあります。葉が三裂するところが、水かきがついたカエルか河童の手のようです。樹皮は縦にはがれ、ささくれています。交通量の多い場所では、排気ガスにより真っ黒になっていますが、本当は明るい灰褐色の樹皮をしています。

最近トウカエデは、街路樹として多く植えられています。成長もさほど早くなく、剪定されても葉を出し、その上秋の紅葉も美しいからというのは表向きの理由。裏の理由として、あまり認知度が高い木ではないので、伐採するときに反対運動が起こりにくく、なにかと都合が良い木だからではないかと私は見ています。トウカエデは優等生でルックスもまあまあなのに、今一つ華がないタイプなのではないでしょうか？　小さな花がちゃんと咲いているんですけどね。

トウカエデは黄色やオレンジに紅葉しますが、銀座などに行くと冬になっても緑の葉のままのものがいます。都心は冬が寒くなく、葉を落とす必要がないのかもしれません。銀座のシダレヤナギも落葉が遅く、年々常緑樹に近くなっていると感じます。また、都心は夜も明るいので、光害といって生物時計が狂うことも考えられます。

でも、それはそれでと、優等生のトウカエデは環境に合わせ、しなやかに生きているように見えます。

日当たりのよい沢沿いが故郷

スズカケノキ科

プラタナス（スズカケノキ）

見つけやすさ
花の美しさ
したたかさ

Platanus orientalis

漢字名：鈴懸の木

別名：スズカケ

類似種：アメリカスズカケノキ、モミジバスズカケノキ

広葉樹／落葉樹／高木／雌雄同株・異花

英名：Sycamore, Plane tree

花期：4～5月

果実期：10～11月

おもな植栽地・生息地：街路、公園

原産地：東ヨーロッパ

人為的分布：北海道以南

おもな用途：街路樹、庭園樹

越冬中のプラタナスグンバイ

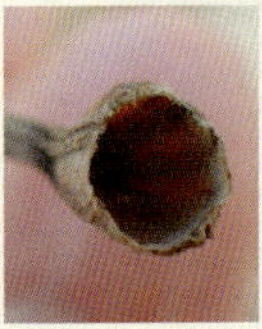

葉の柄はキャップになり芽を守る

実は何個ぶら下げているかが決め手

赤いポンポンのようなプラタナスの雌花

木をおぼえる短歌

葉裏に毛グンバイ群がるプラタナス
ゴマダンゴの数かぞえ見分ける

外国産のプラタナス（スズカケノキ）は日本では害虫がつかないと、明治時代に持ち込まれました。害虫のプラタナスグンバイと仲良く一緒に。葉の裏にその小さな虫がいます。相撲で使う軍配の形に似ているからグンバイムシと呼ばれ、よく見るとガラス細工のような美しい虫です。葉の汁を吸う害虫で、それほどダメージはありませんが、葉が白くなりみっともないと言われます。ウイルス病の斑入りは人気なのに、こっちは不人気。あまり違わないと思うのですが……。

落ち葉を見ると柄がキャップのようになっています。葉柄内芽《ようへいないが》といって、柄が冬芽を守ります。葉の裏には毛があり、剪定する人はこの毛でかゆくなったり、クシャミをします。

樹皮はまだらに落ち、迷彩色。花は雌雄別々でどちらも応援団のポンポン、赤いほうが雌花です。実は枝からぶらさがるゴマ団子のようです。ソーセージの匂いの木という子がいて、匂いで木の場所がわかるそうです。

プラタナスは学名で、スズカケの総称で、三種類の木があります。葉の切れ込みとぶら下がる実の数で見分けます。東ヨーロッパ原産のスズカケノキは、葉の切れ込みが深く実は三～六個、アメリカ原産のアメリカスズカケノキは葉の切れ込みは浅く、実は一つ。その二つが交雑したモミジバスズカケノキは、実は一～四個（二個が多い）です。一番実を多くつけるスズカケノキは、剪定すると腐りやすく日本にはあまり植えられていません。

ビターな美形

バラ科

ナナカマド

Sorbus commixta

見つけやすさ
花の美しさ
したたかさ

漢字名：七竈

別名：山南天

類似種：ニワナナカマド、ホザキナナカマド

広葉樹／落葉樹／小高木～高木／雌雄同株・同花

英名：Japanese rowan

花期：5～7月

果実期：9～10月

おもな植栽地・生息地：街路、公園

原産地：日本、朝鮮半島

自生地：北海道～九州

人為的分布：北海道～九州

おもな用途：実と葉は観賞用。材は良質の炭（白炭）に

ニワナナカマドの花

冬芽

鮮やかな赤い実

ナナカマドはこんもりと咲く

木をおぼえる短歌

七回で燃える燃えない？　ナナカマド
炭に良いのか普通の木なのか

ナナカマドは名前の由来が気になるところ。「七回かまどに入れても燃えない(もしくは燃え残る、七回目で燃える)」が有名ですが、「七日間炭焼き釜で焼くといい炭ができる」という説もあり、「燃えるのか燃えないのかどっちなんだい?」と混乱します。燃えやすい木は良い炭にならないので、両方なのかもしれないですが、ただ燃えるような赤い紅葉や実からかまどを発想したという説もあり……もしかして普通の木? かまどに入れて試してみたいものです。燃やすと泡が出ることからアワブキと名付けられた木もあり、いつかかまどで共演させたいと思っています。

　ナナカマドは高山や北方の寒い所に分布し、北海道などでは街路樹として親しまれています。羽状複葉《うじょうふくよう》の葉は鋭いギザギザを二回繰り返す重鋸歯《じゅうきょし》で、乱れなく整った雰囲気を醸し出しています。花は小さな白い花が咲き、虫たちが集まり、受粉を手伝います。真っ赤な紅葉と実は美しく人気があります。

　ナナカマドは、いわゆる美形で非の打ちどころがありません。あるとすれば、赤い実は恐ろしく苦くてまずいってことでしょう。赤い実は青梅《あおうめ》と同じ青酸配糖体を含んでいて、食用にはなりません。ナナカマド酒にするのは梅酒と一緒で可能です。

　セイヨウナナカマドはジャムなどに利用されますが、日本のナナカマドはビターで食えない美形なのです。

ツバキの影で薄い存在感

ツバキ科

サザンカ

Camellia sasanqua

見つけやすさ ★★★
花の美しさ ★★★
したたかさ ★☆☆

漢字名：山茶花

類似種：ツバキほか

広葉樹／常緑樹／小高木／雌雄同株・同花

英名：Sasanqua, Camellia

花期：10～12月

果実期：10～11月

おもな植栽地・生息地：街路、公園、住宅

原産地：日本

自生地：山口県、四国南部～南西諸島

人為的分布：東北中部以南

おもな用途：花は観賞用。種からは油。材は将棋の駒や器などに

カンツバキの花

花弁を取ると毛の生えた子房が現れる

実には毛がある

花。咲き終わるとバラバラに散る

木をおぼえる短歌

ばらばらと花びら散らすサザンカは
たき火の歌と実の毛確認

サザンカの野生種の花はピンクがかった白で、秋から冬にかけて咲きます。ツバキ(P144)と似ていますが、花弁はばらばらと散り、葉脈が透けないのが特徴です。また、ツバキは雄しべが筒になっていますが、サザンカは筒にはなっていません。品種がたくさんあり、ツバキなのかサザンカなのかあいまいなものもありますが、サザンカの一番の決め手は実の表面の毛です。雌しべの奥にある子房にすでに毛があるので、花でも見分けられます。ツバキは実も子房もつやつやしています。

サザンカの自生地は四国と九州、沖縄で日本固有の木です。南方の木ですが東北などにも植えられています。サザンカの花は景気よく散るので、春ごろの落ち葉掃きと冬の花弁掃きがいやになるのか、枝をばっさり切られる強剪定をされています。

サザンカはなぜかツバキの影のような存在で、中国起源のツバキのほうがどちらかといえばリッチな印象を受けます。カンツバキは、ツバキとサザンカの雑種で花はサザンカ寄りだと思いますが、名前はツバキです。サザンカもツバキと同じように種子から油をとりますが質は劣るといわれ、材もツバキと同じように緻密で、将棋の駒、木魚、器などに利用されますが、ツバキより良いと褒められたことはありません。「たきび」の歌があるじゃないかと曲名で検索してみたら、ツバキが断然多く歌われていました。唯一、チャドクガだけは、分け隔てなく葉を食べます。

モミジにとって代わるビジュアル系

フウ科

モミジバフウ

Liquidambar styraciflua

見つけやすさ
花の美しさ
したたかさ

漢字名：紅葉葉楓

別名：アメリカフウ

類似種：フウ、ハリギリ、イタヤカエデ

広葉樹／落葉樹／高木／雌雄同株・異花

英名：American sweetgum

花期：4～5月

果実期：10～11月

おもな植栽地・生息地：街路、公園

原産地：北アメリカ

人為的分布：東北以南

おもな用途：葉は秋の観賞用

フウの実から出たキノコ。悪魔風

枝からムキムキ出ているコルク

若い実

ブロッコリーのような花

木をおぼえる短歌

紅葉にまっくろくろすけぶら下がる
コルク浮き出るモミジバフウの枝

北アメリカ原産のモミジバフウは、フウ（中国原産）と共にフウ科。紅葉が美しいのでモミジの仲間だと思われがちですが、葉が互生なのと、実の形が全く違います。実は栗のイガのようですが痛くはなく、逆光で眺めると『となりのトトロ』に出てくる「まっくろくろすけ」に似ています。モミジバフウよりフウの実の方がよりまっくろくろすけかもしれません。どちらも下がるまっくろくろすけから無数の飛ぶ種が出てきます。役目が終わったまっくろくろすけは地面に落ち、フウの実からフウノミタケやXylaria Liquidambar（キシラリア・リクイダンバル）というキノコが出ることがあります。キシラリアの方は真っ黒な角みたいで、まっくろくろすけが悪魔風になります。

モミジバフウの枝にはコルクが唐突に出ています。ニシキギ（P200）は規則的にコルクが出ていますが、モミジバフウは……『北斗の拳』みたいにムキムキ、バリバリッと服を破いて出てくる筋肉みたいな感じです。幹にも部分的に異常にコルクが発達することがあります。ニシキギのコルクが添え木の役割だとしたら、モミジバフウは幹にも出ることもあるので、理由がよくわかりません。私は勝手に「コルクが強そうでしょ」と、細枝が背のびしているのではないかと想像し楽しんでいます。

このモミジバフウの紅葉は赤が濃く、青空に映えます。モミジの紅葉より派手なのです。モミジにとって代わる程の人気で、街路樹のビジュアル系が来てしまったと見ています。

小さな故老

ツツジ科

ツツジ

Rhododendron sp.

見つけやすさ
花の美しさ
したたかさ

漢字名：躑躅

別名：アザレア

類似種：なし

広葉樹／常緑樹・半常緑樹／低木／雌雄同株・同花

英名：Azalea

花期：4〜5月

果実期：9〜11月

おもな植栽地・生息地：街路、公園、住宅

原産地：日本

人為的分布：北海道〜沖縄

おもな用途：花は観賞用

秋の落葉と同時に葉を出す半常緑もある

べたべたした花芽に虫がくっつく

実

花の斑点がアゲハへ蜜のありかを知らせる

木をおぼえる短歌

花の溝アゲハにここよと教えてる
受粉の労をねぎらうツツジ

ツツジは日向の方が花つきが良いですが、ほどよい陰で土の乾燥をおさえた方が木には良いようです。環境の悪い植栽地では使い捨てのように使われているツツジですが、意外と長生きで八〇〇年〜一〇〇〇年生きるといわれています。しかし、巨木になることはなく、「これで一〇〇歳?」と思うぐらい小さいです。日頃ついつい見下しているツツジですが、はるか年上のツツジ先輩なのかもしれません。ツツジは昔をよく知る故老なのです。

ツツジがやせた土でも長生きできるのは、エリコイド菌根を作り、菌類に助けてもらっているからです。ツツジ類が酸性土や重金属の毒に耐えられるのは、この菌根菌(P218)が関与しているといわれています。

春、花が開く前の芽はべたべたしていて、アブラムシなどがくっつき死んでいます。新しい葉を開く前に食べられないように守っているのです。モチツツジというツツジには、葉のネバネバにくっつく虫がお目当ての虫、モチツツジカスミカメがいるのだそうです。葉にくっついて動けない虫の体液を吸うという、さらに生々しいドラマ展開が見られるようです。ツツジの花には、蜜のありかを示すガイドマークがあります。斑点がついている花弁の下を見ると、チョウのストローを刺す穴があります。ツツジはアゲハの仲間に受粉してもらう代わりに、蜜を用意しています。ツツジを舞台に、様々な虫たちのドラマが何千年も続いているのです。

細かい気遣い

ムクロジ科

トチノキ

Aesculus turbinata

見つけやすさ ★★☆
花の美しさ ★★★
したたかさ ★☆☆

漢字名：栃ノ木、橡の木

別名：トチ

類似種：セイヨウトチノキ、ベニバナトチノキ、ホオノキほか

広葉樹／落葉樹／高木／雌雄同株・同花、雄花

英名：Horse chestnut

花期：5〜6月

果実期：9〜10月

おもな植栽地・生息地：街路、公園

原産地：日本

自生地：北海道〜九州

人為的分布：北海道〜九州

おもな用途：木材は家具。実は栃餅などにして食用にも

実を割ると中に種子が

上から見たら四角でベタベタな冬芽

若い実

受粉が終わったら色が変わる花

木をおぼえる短歌

トチモチの天狗のうちわトチノキは
四角の冬芽べたべたな冬

トチノキは、教科書にも出てくる『モチモチの木』のモデルの木です。トチの実を見たら、「おいしそうな栗」と思う人がほとんどです。しかしそのままかじると、とんでもなく苦く思わず吐き出します。トチの実は丸くて、クリの尖がったオツムがありません。栃餅はこの実を水でさらしたり、灰につけたりしてアクを抜き、もち米と一緒についたものです。作るのにとても手間がかかります。縄文時代の遺跡からも貯蔵されたトチの実が出土しています。たぶん昔の人は「こんなにうまそうなのに、何で食べられないの？」と試行錯誤したに違いありません。これがまずそうな実なら、そこまで手間をかけない気がします。

トチノキの冬芽は上から見たら四角形で、粘液に覆われ、いろいろなごみをくっつけています。この粘液は寒さや乾燥、虫から守るとされていますが、外国のトチノキはねばつかないので、虫が一番の理由だと思います。日本は虫が豊かです。トチノキの蜜は美味で、人気です。受粉が終わった花は中の色が変わり「もうないよ」と虫に教えています。実が実った木はいち早く黄葉し、「拾いにおいで」と誘ってくれます。細やかな気遣いを感じます。

パリの街路樹のようにマロニエ並木として植えられますが、ビル風が強い場所に植えられたトチノキは葉がびりびりにやぶけています。大きな葉の木は、風が強いところは向いていないようです。山でも風があまり強くない、谷間などに生えています。

下手に使えるから駆除しづらい

マメ科

ニセアカシア

Robinia pseudoacacia

見つけやすさ
花の美しさ
したたかさ

漢字名：針槐

別名：ハリエンジュ、ハゲシバリ

類似種：エンジュ、イタチハギ

広葉樹／落葉樹／高木／雌雄同株・同花

英　名：False acacia, Black locust, Yellow locust

花期：5～6月

果実期：7～10月

おもな植栽地・生息地：街路、公園、住宅、河原

原産地：北アメリカ

人為的分布：北海道～沖縄

おもな用途：緑化資材として用いられた。花から蜂蜜。花は天ぷらや酒に漬けるなどで食用にも。材は薪炭材に

芽は葉痕から出るので怖い

葉の先端が少しへこむ

実

天ぷらにしてもおいしい花

木をおぼえる短歌

有用と連れてこられたニセアカシア　暴走止める天敵いずこ

ニセアカシアは香りのよい白い花を咲かせ、葉は羽状複葉で、葉先が少しへこんでいます。枝にトゲがあるのでハリエンジュとも呼ばれます。似ているエンジュは葉先が少しとがります。

ニセアカシアは北米原産の外来種で、蜜をとるためや砂防のために植えられました。日本に持ち込まれ約一四〇年経ち、野生化したニセアカシアは問題となっています。昔は燃料が薪だったので、すぐに成長するニセアカシアは大変重宝したようで、特に北海道にたくさん植えられました。燃料として伐採されなくなると、河原や原っぱ、マツ林などに入り込み、植生を変えてしまいます。ニセアカシアは陽樹なので、すでに森ができている場所には、簡単には入り込めないのですが、日当たりが良い場所はニセアカシアの餌食になってしまいます。二〇一七年現在、侵略的外来種ワースト一〇〇に入っていますが、養蜂家としてはニセアカシアから良質な蜂蜜がとれるので、これに反対しています。

外来種は、天敵のいない環境で爆発的に増え、経済活動や自然環境にダメージを与えます。ニセアカシアは蜜がとれるという経済的価値はありますが、在来の植物は居場所を奪われ、絶滅の危機に瀕します。

よく人間か自然、どちらを取るのかと対立した図式で表されますが、長い目で見ると結局人間もダメージを受けることになります。人間も同じ生き物。自然の法則からは逃れられないのです。

本家？　鳳凰のとまり木

アオイ科

アオギリ

Firmiana simplex

見つけやすさ ★★★
花の美しさ ★★☆
したたかさ ★★☆

漢字名：青桐、梧桐

別名：アオノキ

類似種：キリ、アブラギリ

広葉樹／落葉樹／高木／雌雄同株・異花

英名：Chinese parasol tree

花期：5〜7月

果実期：10月

おもな植栽地・生息地：街路、公園、学校

原産地：中国、東南アジア

自生地：沖縄

人為的分布：北海道以南

おもな用途：街路樹

息子がガンジス川と呼んだ液体

冬芽は茶色い猫の肉球みたい

箱舟にグリーンピースのような種がつく

雄花と雌花がまざる

木をおぼえる短歌

青い幹　顔やブラジャーついている
アオギリの種　風の箱舟

アオギリは樹皮が緑色。大きな葉と材がキリに似ているので、アオギリとなりました。中国では鳳凰のとまる木という言い伝えがあり、「アオギリってそんなに高貴な木だったの?」と驚き調べてみたら、後醍醐天皇からの桐紋は、鳳凰のやどる木だからという理由です。キリとアオギリをとり違えてない? 本来はアオギリ紋になるはずだったの? 後醍醐天皇の勘違い? もともと中国でキリとアオギリをとり違えていた可能性もありますが、当時アオギリは沖縄以外になく、キリの方が中国から入ってきたので、日本ではキリになったのではないかと推測しています。鳳凰が日本に来た時は、キリにとまることでしょう。

アオギリの実は、箱舟のような形の羽にグリーンピース大の種がちょこんとついています。「これで種を飛ばすんだっ!」と夢見がちな形をしています。花からこうなる段階も不思議で、まるで虫の羽化のように激変します。この実が戦時中はコーヒーの代用品だったということで、作ってみましたが、味は豆の煮汁でコーヒーではなかったです。そのよどんだ液体を息子が「ガンジス川」と呼び、ガンジスコーヒーになりました。見かけは泥水ですが、ほんのりアーモンドチョコのような香りがしました。

アオギリの枝は同じ位置から出ることが多いので、枝の痕が並び、目やブラジャーに見えます。冬芽は猫の肉球に似ています。

薄幸の金持ち

モチノキ科

クロガネモチ

Ilex rotunda

見つけやすさ
花の美しさ
したたかさ

漢字名：黒鉄黐

別名：なし

類似種：モチノキ、トウネズミモチ

広葉樹／常緑樹／高木／雌雄異株

英名：Round leaf holly

花期：5〜6月

果実期：1〜2月

おもな植栽地・生息地：街路、公園、住宅

原産地：日本、中国

自生地：関東地方、福井県以西〜沖縄

人為的分布：東北南部以南

おもな用途：材は農機具の柄に。樹皮はトリモチに

勤めを終えた黄色い葉

アスファルトの隙間から芽生える子どもたち

父親不明の赤い実

花

木をおぼえる短歌

南の木メスだけ売られるクロガネモチ
赤い葉の柄と実の父いずこ

クロガネモチは雌雄別々の木なのですが、ほとんど雌の木しか流通していません。赤い実がならない雄の木は、鑑賞価値がなく売れないからです。私は「雌だけでどうやって赤い実がなるの?」と樹木医仲間に聞いたら、「モチノキ科だったら、なんでもいいのよ」という答え。クロガネモチの赤い実の父親は、ゆきずりのモチノキ科? 両性花等があるのかもしれませんが、これはクロガネモチの雄に会って確かめなければいけません。しかし花シーズンを逃したりして、未だに見つけておりません。どこかにクロガネモチのお父さんがいると信じております。

クロガネモチは「金持ち」という響きで、縁起の良い木として植えられます。枝は紫がかって黒っぽいですが幹の樹皮は白く、赤い実が映えます。街路樹で植えられているクロガネモチは白い肌が排気ガスで黒くなり、黒い金持ちみたいなことになっています。

もともとクロガネモチは南方の木。時々寒さで落葉しています。南から連れてこられ、寒さに慣れようと頑張っています。「金持ち」「縁起が良い」というイメージとは裏腹な、薄幸な人生(木生?)を歩んでいる木だと勝手に思っています。そう、クロガネモチは同情を引くタイプなのです。

街路樹から少し離れたコンクリートの隙間で、彼女らの子どもたちが元気に芽生えています。この手のタイプは、周囲の心配をよそに意外と強く生きていくのです。

おいしい実は生ごみ扱い

ヤマモモ科

ヤマモモ

Morella rubra

見つけやすさ
花の美しさ
したたかさ

漢字名：山桃、楊梅

別名：ヤンメ、ヤンモ、ヤアモ

類似種：ホルトノキほか

広葉樹／常緑樹／高木／雌雄異株

英　名：Red bayberry, Wax myrtle

花期：3～4月

果実期：6～7月

おもな植栽地・生息地：街路、公園、住宅

原産地：南日本

自生地：関東地方南部以西～沖縄

人為的分布：東北中部以南

おもな用途：実は食用（生食、ジャム、果実酒）

枝に出た細菌性のこぶたち

ひこばえの葉は鋸歯がある

モモには似ていないヤマモモの実

雄花

木をおぼえる短歌

ギザギザは若い時だけ波打つ葉
オスメスに分かれ　実つくヤマモモ

子どもの頃、近所の山をよじ登ったら、いきなりヤマモモの木があり、「こんなおいしい実、ここは天国か?」と感動しました。しかし近年、小学校で子どもらが落ちた実を踏み潰して遊んでいるのを見て愕然としました。最近の小学校はアレルギーを恐れ、実を食べる事はNGで放置されているのです。残念なことです。おいしいのに……。

ヤマモモの葉は、若い葉やひこばえの葉には鋸歯がありますが、だんだんなくなります。ヤマモモは雌雄別々の木で、風媒花なので地味な花ですが、紫外線から花粉や子房を守る赤い色をしています。栽培をするときは、台木に雌の枝を接いで苗を作ります。台木が雄だった場合、あしゅら男爵(『マジンガーZ』の半分男、半分女の悪役)みたいなことになるのだろうかと想像してしまうのですが、そんなことには構わずヤマモモは淡々と実をつけています。街路樹としては実はやっぱりゴミ扱いなので、実がならない雄の木を植えますが、たまに雄と雌を交互に植えている粋な街路樹があります。合コン街路樹(私命名)では、落ちた実が汚いと苦情を言うのはヤボというものです。

ヤマモモの幹や枝にこぶがたくさんついていることがありますが、それは細菌が原因の病気です。切り取っても、すっきり消えるものではなく、葉に影響がなければ深刻な病気ではありませんが、見かけを気にされます。よい細菌もいて、ヤマモモは窒素固定細菌と共生しています。

昔ハンテン、今Tシャツ

モクレン科

ユリノキ

Liriodendron tulipifera

見つけやすさ ★★★
花の美しさ ★★★
したたかさ ★★☆

漢字名：百合の木

別名：ハンテンボク、チューリップツリー

類似種：シナユリノキ

広葉樹／落葉樹／高木／雌雄同株・同花

英 名：American tulip tree, Yellow poplar

花期：5～6月

果実期：10～12月

おもな植栽地・生息地：街路、公園

原産地：北アメリカ

人為的分布：北海道中部以南

おもな用途：花は蜂蜜に。材は器具・建築・合板・楽器など

二つに折りたたまれた葉を開く春

くるくると飛ぶ種

若い実

花。オレンジ色が蜜のありかを知らせる

木をおぼえる短歌

ハンテンの形の葉っぱユリノキは
網タイツはいてチューリップ咲かす

ユリノキの葉っぱは、冬に着る半纏《はんてん》のようなので、ハンテンボクとも呼ばれます。今はTシャツに似ているといったほうが子どもたちには通じやすいです。春に二つに折りたたまれたTシャツが開くところは、とてもかわいらしい風景です。この葉形は特徴があるので、すぐに覚えられると思います。花はチューリップのような形をしているので、英名はチューリップツリーと呼ばれています。ちなみに、「ユリノキ」は大正天皇命名。モクレンの仲間は、香りだけで蜜がないのですが、ユリノキには緑と黄色の花弁にオレンジ色の蜜《みつ》標《ひょう》があり、蜜があります。他のモクレン科は香りだけで、訪れた虫や鳥は詐欺にあうようなものですが、ユリノキは良心的です。

ユリノキは北アメリカ原産で、まっすぐに幹が伸びるので、ユリノキ林はまるで針葉樹の林のようなのだそうです。種は束でぎっしり実り、木の上でばらばらになり、くるくると飛んでいきます。樹皮は縦に割けて黒ずんでいることが多いので、主婦の方が「網タイツみたい」と言い、女性に大うけでした。でも男性には通じず、ストッキングネタは男性にはいまいちでした。好きなはずなのに……。ユリノキは成長が早いので、どんどん太い網タイツ足になります。

ユリノキの根と土の調査をしたのですが、根が柔らかいのに驚きました。ポプラ(P086)の次に柔らかいように思います。成長が早い木ですが、根にも気を配ってやってください。

葉のラブレター

モチノキ科

タラヨウ

Ilex latifolia

見つけやすさ
花の美しさ
したたかさ

漢字名：多羅葉

別名：モンツキシバ、ハガキノキ、エカキバ、ジカキシバ

類似種：バクチノキ、セイヨウバクチノキ

広葉樹／常緑樹／高木／雌雄異株

英名：Tarajo holly

花期：5〜6月

果実期：10〜12月

おもな植栽地・生息地：街路、公園、寺社、郵便局

原産地：日本、中国

自生地：静岡県以西の本州、四国、九州

人為的分布：東北中部以南

おもな用途：樹皮はトリモチに

郵便局に植えられるタラヨウ

葉の裏には字が書けるのでハガキノキ

赤い実

雄花

木をおぼえる短歌

ノコの葉に思いしたため投函す　雌のタラヨウ赤い実みのる

タラヨウは雄と雌別々の木で、赤い実は雌の木になります。薄い緑の小さな花が丸く集って咲きます。葉が分厚くて、ノコギリのようなしっかりした鋸歯を持っています。一番の特徴は、葉の裏をひっかくと黒く変色するところです。ペンがなくても字が書ける葉っぱなので、ジカキシバ、ハガキノキと呼ばれます。インドでお経を葉に書いた貝多羅《ばいたら》樹《じゅ》（ウチワヤシ）から、多羅葉《たらよう》となったそうです。ハガキなので郵便局、お経なのでお寺によく植えられています。静岡県以西の本州、四国、九州、中国東部に自生しますが、寒さに強く、東北まで植えられています。

植物園では、葉がついたままの状態で裏に落書きがしてあったりします。日時も書いてあり、逆算すると数年経っており、落書きされても大事に葉を使っているのです。分厚くて丈夫な葉を一年で落とすなんてもったいないですよね。このように葉を長く使う木は、思いきった剪定はきついと思うのです。葉を大量に切られると、タラヨウはすぐには対応できないでしょう。切るなら少しでお願いします。

字が黒くなるのは、酸化酵素がタンニンに働き、色素ができるのだそうです。じつは他にも変色する葉はありますが、書きやすさはタラヨウが一番です。小枝をペンに、葉に思いをしたためてみてはいかがでしょう？　え？　そんなラブレターもらったらドン引き？　良い悪いかはさておき爪痕が残せることは保証します。

COLUMN ①

挿し木　接ぎ木

挿し木は枝を土にさし、根を出させて育てることです。接ぎ木とは、人の手で二つの植物をくっつけることです。同じ種類の木同士、別種でも相性が良いものは接ぎ木ができます。土台の木を台木、接ぐ枝を穂木と呼びます。

根が出にくく挿し木ができない木は、接ぎ木で増やします。接ぎ木で病気に強い苗にしたり、早く実をつけさせることができます。普通、穂木と台木はそれぞれの性質を持っていますが、性質が混ざり合うこともあり、接ぎ木雑種を作ることを目的にされることもあります。

「品種」と呼ばれるものは、一本の木から穂木をとるので同じ遺伝子のクローンということになります。クローンは病気になったときは共倒れになる可能性が高いですが、街でも生きられる、ある意味強い遺伝子なのかもしれません。

移植は簡単じゃない

樹木は動けないから、もっと良い場所に動かしてあげたいと思う人は多いようです。しかし樹木は動かないのは得意ですが、動かされるのは基本超苦手です。なのに、移植を簡単に考える人が多すぎます。樹木にとって移植は生死をさまようほどのダメージです。移植しやすい樹種やしにくい樹種がありますし、老木や元気のない木は移植によって枯れる確率は高いです。移植はお金と手間がかかるので、動かさないですむ方法を一番に考えることをお勧めします。

接ぎ木あとがわかりやすい木

第2章 学校によく植えられている木

学校には、実がなる木や教材に使う木、学校の伝統や格式を演出するための木も植えられます。校庭の石灰でアルカリ性になっている土を大勢の子が踏み固め、夏休みの除草ボランティアさんが気まぐれに剪定をしたりもする学校は、じつは木にとっては結構過酷な環境です。

「ウメ切らぬバカ」より「日陰に植えるバカ」

バラ科

ウメ

Armeniaca mume

見つけやすさ

花の美しさ

したたかさ

漢字名：梅

別名：ムメ、好文木、春告草、初名草、風待草ほか

類似種：アンズ、ナシ、スモモ、サクラ類など

広葉樹／落葉樹／小高木／雌雄同株・同花、雄花

英名：Japanese apricot

花期：2〜3月

果実期：6月

おもな植栽地・生息地：学校、住宅、公園

原産地：中国中部

人為的分布：北海道中南部以南

おもな用途：花は観賞用。実は食用（青い実は有毒）

種には針で刺したような穴がある

アイドルっぽい冬芽

実には毛があり、触ると気持ちいい

雄しべと雌しべがある花だが、たまに雄花もある

木をおぼえる短歌

枝青い中国生まれの梅の木は　梅干し梅酒冬芽アイドル

ウメは中国原産といわれています。古くから日本では親しまれ、梅干し、梅酒等になくてはならない木です。ウメはサクラより早く咲き、香りがあります。新しい枝は緑色のものが多く、枝にかわいい冬芽が見られます。

「サクラ切るバカ、ウメ切らぬバカ」という教えが浸透していて、「ウメは枝を切らなければいけない」と思われています。これは伸びた枝を剪定することで花を目立たせるため、実をとるために切れといっていて、じつはウメの健康面はスルーなのです。剪定で葉が少ないため、ウメはまず枝を出すことに力を費やし、剪定の傷から材が腐るのを止めることは後回しになり、細い幹でも空洞のウメが見られます。特に日当たりが悪い場所で剪定されているウメは、光合成量が少なく、空洞なのをよく見ます。そもそも陽樹のウメを日陰に植えることをまず注意するべきではないかと思います。ともあれ木は樹皮があれば、中が空洞でも枝葉は出せるし、花も咲き生きられます。折れなければね。

木は長生きできるので、毎年子孫を残す必要はありません。ただ、実を毎年とるためには枝を少なくして「子孫を残さないとやばいよ」と危機感を募らせることが必要です。そんな果樹のウメは、長生きはできません。

東京・青梅市のウメがプラムポックスウイルスに感染し、早期落果で収穫減となり、病気が広がらないために伐採されました。アブラムシの媒介で広がるようで、駆除は大変困難です。

キモかわいい南国の木

ソテツ科

ソテツ

Cycas revoluta

見つけやすさ ★★★
花の美しさ ★
したたかさ ★

漢字名:蘇鉄

別名:テッショウ、ホウビショウ

類似種:なし

裸子植物/常緑樹/低木/雌雄異株

英名:Fern palm, Sago palm

花期:4〜8月

果実期:11〜2月

おもな植栽地・生息地:学校、公園、住宅

原産地:日本、中国

自生地:九州南部、沖縄

人為的分布:関東以西

おもな用途:実はかつての救荒作物(有毒)

雄花

キモイぬいぐるみ(胞子葉)と実

実をたくさんつけた雌木

巻いている若い葉はくるくる開く

木をおぼえる短歌

鉄好きとくるくる伸ばすとがった葉　ソテツ地獄と言うが悲しき

ソテツは九州、沖縄の暖かい地域、海岸の断崖絶壁などが故郷です。南国のムードを演出するために植えられますが、寒い場所は苦手です。新葉はくるくると巻いてシダの仲間のように開きます。新葉は嘘のように柔らかく、クロマダラソテツシジミの幼虫が食べます。クロマダラソテツシジミは熱帯アジアのチョウで、分布を広げソテツを枯らしてしまう害虫として問題となっています。葉が成熟すると固くなり、それで櫛《くし》のように髪をとかそうとしたら、葉先が頭皮に刺さりとても痛かったです。

ソテツは雌雄別株で、雄花は大きな穂のようで、雌花は突起だけのような花です。そんな花の形から風媒花だと思っていたら、意外にも虫媒花の一面もあり、ゾウムシの仲間が花粉を運んでいるようです。雌の木に産毛にまみれた得体のしれない葉（胞子葉《ほうしよう》）と一緒にオレンジ色の実がなります。旦那が「キモイぬいぐるみ？」と驚き、子どもらも「何これ？」と、食いつき良好です。

ソテツの実は有毒ですが、戦時中は救荒作物として毒抜きをして食べていたそうです。しかし、毒抜きが不十分で亡くなる人もいて、そんな苦しい生活をソテツ地獄と呼んでいたようです。今は、ソテツ味噌などが売られています。コウジカビがソテツの毒を分解してくれます。

「蘇鉄」は、鉄を与えたら元気になるというわれのようです。大阪・堺の妙國寺に夜泣きソテツの伝説があります。

実は芋味、葉でムラサキツバメを連れてくる

ブナ科

マテバシイ

Lithocarpus edulis

見つけやすさ
花の美しさ
したたかさ

漢字名：馬刀葉椎、全手葉椎

別名：サツマジイ、マタジイ

類似種：タブノキなど

広葉樹／常緑樹／高木／雌雄同株・異花

英名：Japanese stone oak

花期：6月

果実期：9～10月

おもな植栽地・生息地：学校、公園、街路、工場

原産地：日本

自生地：関東以西の太平洋側～九州・沖縄

人為的分布：東北中部以南

おもな用途：防火・防風用。材は建築、器具に。実は食用

葉を食べるムラサキツバメの幼虫はアリを雇う

雄花

二年目に実るドングリ

雌花がふくらみつつある

木をおぼえる短歌

硬すぎるドングリ炒ると蒸かしイモ
ムラサキツバメとアリの共生

関東などではあまり知られてないようですが、マテバシイのドングリはあくがなく、食べられます。炒るとスダジイ（P146）がクリに近い味だとすれば、マテバシイはふかしイモ。殻がとても固くて、気合を入れて噛まないと割れません。材はピンク色。白いシラガシ、赤いアカガシの中間です。マテバシイの焼酎もあるようです。

マテバシイのもともとの自生地は、九州、南西諸島などの暖かい沿岸地域ですが、街ではいろいろな場所に植えられています。病害虫に強く、常緑樹なので一年中緑が楽しめるからです。この葉を、ムラサキツバメというチョウの幼虫が食べます。ムラサキツバメはもともと南方系のチョウですが、マテバシイが街路樹などで広く植えられるようになり、分布を広げています。一九九〇年代に東日本にはいなかったチョウですが、現在福島などでもみられるようです。都内でも簡単に見つけることができます。ムラサキツバメは、マテバシイの芽や葉の付け根に一つずつ卵を産み、葉を折りたたんで巣を作り、若葉を食べます。体からアリが好む分泌物を出し、アリをボディーガードに雇っています。マテバシイは日本在来種ですが、街路樹や公園樹で人工的に植えることで、今までいなかった生き物の生育範囲をを広げることにもなっています。ムラサキツバメは害虫という程ではありませんが、木は生き物を連れてくることを忘れてはいけません。

寝る“運動”で擬人化される

マメ科

ネムノキ

Albizia julibrissin

見つけやすさ
花の美しさ
したたかさ

漢字名：合歓木

別名：ネム、ゴウカンボク

類似種：ギンヨウアカシア、フサアカシア、ギンネム、ジャカランタほか

広葉樹／落葉樹／高木／雌雄同株・同花、または雄花

英名：Mimosa-tree, Silk tree

花期：6〜8月

果実期：10〜12月

おもな植栽地・生息地：学校、公園、街路、河原

原産地：日本、中国、朝鮮、イラン、アフガニスタン

自生地：本州〜沖縄

人為的分布：北海道中南部以南

おもな用途：観賞用。街路樹としても

夕方になると葉を閉じて眠る

葉先がウサギの耳。葉脈の偏りが面白い

マメ科らしい実

花弁はなく、ピンクの雄しべが化粧筆のよう

木をおぼえる短歌

葉脈がかたよっているネムノキは　触ってとじず暗くなり寝る

ネムノキとオジギソウを混同する人が多いのですが、ネムノキは樹木で、葉に触っても寝ません。触れると葉が寝るのはオジギソウで、これは草でトゲがあり、沖縄などでは増えて困っています。ネムノキの葉には光センサーがついていて、暗くなると葉を閉じる就眠運動をします。マメ科の植物の中には暗くなくても規則的に寝る子もいて、乾燥から守るためともいわれています。ネムノキは葉が古くなると眠らなくなるように思います。

花弁はありませんが、うすいピンクの雄しべが化粧筆のように開き、甘い香りがします。花の後、マメ科らしい実がなります。葉っぱは二回偶数羽状複葉で、二つそろった葉の先端はなんとなくウサギの耳っぽく見えます。

葉をよく見ると葉脈が真ん中でなく、やたら偏っているのが面白い木です。葉の柄のもと付近に蜜腺もあります。

キチョウやキタキチョウの食草で、幼虫が葉を食べます。モンキチョウよりやや小さいチョウで、青虫がネムノキの葉脈に潜んでいます。

ネムノキはイラン、アフガニスタン、中国南部、朝鮮半島、日本の本州〜九州に分布し、中国では夫婦円満の木とされています。暗くなったら、夫婦仲良く寝なさいという意味ですかね？　ネムノキは夜に葉を閉じるという、植物らしからぬ「運動」により擬人化され、人間の様々な妄想の題材になっています。

ネムノキは川沿いなどに自生していて、風になびく姿は優雅です。

粘りはない聖なる木

マツ科

ヒマラヤスギ

Cedrus deodara

見つけやすさ
花の美しさ
したたかさ

漢字名：ヒマラヤ杉

別名：ヒマラヤシーダー、インドスギ

類似種：カラマツ、アトラスシーダー、レバノンシーダーなど

針葉樹／常緑樹／高木／雌雄同株・異花

英　名：Himalayan cedar, Deodar cedar

花期：10～11月

果実期：10～11月

おもな植栽地・生息地：学校、公園

原産地：ヒマラヤ～アフガニスタン

人為的分布：北海道中部以南

おもな用途：材は原産地では建築用。樹皮は香料

大きなマツボックリは一年でできる

マツボックリの中にある飛ぶ種

若い雄花

狐のしっぽのような雄花

木をおぼえる短歌

ヒンドゥーの聖なる樹木ヒマラヤスギ
成長早いパキスタンの木

ヒマラヤ原産のヒマラヤスギは、ヒンドゥー教の聖なる樹木のようです。スギと名前がついていますがマツの仲間で、針のような葉を出しています。やや白っぽい青緑の葉で、成長も早く存在感があり、パキスタンの国の木にもなっています。腐りにくく丈夫なので、現地では建築材に利用されていますが、壊れやすい性質もあります。

同じヒマラヤスギ属のレバノンスギは良材で、エジプトやメソポタミアの文明が栄えた場所で利用されました。その後レバノンスギの森目当てに戦争も起こり、乱獲されてレバノンスギは減っています。

ヒマラヤスギは日本には明治時代に持ち込まれ、主に公園樹として利用されています。材として粘りはあまりなく、台風など強い力がかかると折れたりするものもあります。聖なる木も打たれ弱い部分もあるのです。

花は秋に咲き、狐のしっぽのような雄花が大量に地面に落ちます。雌花は実を作らないといけないので落ちません。ヒマラヤスギのマツボックリは一年ででき、とても大きいのですが、落ちる時はばらばらにくずれます。マツボックリの先端のバラのような部分だけ残り、拾えます。中の羽つきの種が風に飛びます。ヒマラヤスギの下に、菌根菌のシロハツやテングタケを見たことがあります。なぜか学校によく植えられていますが、子ども受けするネタがない木なので、もっとツカミに良い木を植えて欲しいといつも思います。

壁を吸盤で登るアーティスト

ブドウ科

ツタ

Parthenocissus tricuspidata

見つけやすさ ★★★
花の美しさ ★☆☆
したたかさ ★★★

漢字名：蔦

別名：ナツヅタ、アマヅラ

類似種：キヅタ（フユヅタ）、カナリーキヅタ、セイヨウキヅタなど

落葉樹／つる性木本／雌雄同株・同花

英　名：Japanese ivy, Boston ivy

花期：6〜7月

果実期：10月

おもな植栽地・生息地：学校、公園、街路、住宅

原産地：日本

自然植生：北海道〜九州

人為的分布：北海道以南

おもな用途：壁面緑化用。つるはかつては食用（甘味料）

三枚セットの葉。もともと複葉

まず小さな葉のつるが新天地を開拓する

すぐ散る花

ブロック塀にくっつくツタの吸盤

木をおぼえる短歌

壁に木が？　吸盤吸いつきよじ登る
ツタの織りなすトリックアート

O・ヘンリーの短編小説「最後の一葉」で、落ちるか落ちないかハラハラさせる葉っぱがツタの仲間です。ブドウ科の落葉性のつる植物で、ウコギ科の常緑のキヅタ（フユヅタ）に対して、ナツヅタとも呼ばれます。小さい葉は、新天地を求め伸び、その後光合成に専念する大きい葉を広げます。葉の役割分担をしているようです。壁に吸い付く吸盤は、まるでカエルの足のように強力に張り付いています。緑の花が咲き、ブドウのような実がなります。葉が紅葉し、落葉した後の短枝は骨のようで、骸骨が手招きしているように曲がっています。平安時代には、つるの樹液をとり、煮詰め、砂糖の代用品を作っていたようです。

建物や壁などにツタがあると、なんとなくレトロ感が出ます。甲子園のツタ（キヅタとツタ）は、建物のリニューアルに際して、二〇〇〇年に全国の高校に苗が配られ、その後甲子園に里帰りをして現在も甲子園を覆っています。ツタに覆われた建物は夏に随分涼しくなることが分かっていて、壁面緑化にも利用されます。ただし、つる植物は伸びてほしくない所にも広がるので、剪定などメンテナンスが必要です。

壁のツタは、遠目で見るとまるで枝を広げている木のように見えることがあり、それが街路樹の合間だと、トリックアートしています。最後の一葉の絵を描くように、ツタも壁をキャンバスに絵を描いています。

フジの魔性

マメ科

フジ

Wisteria floribunda

見つけやすさ ★★★
花の美しさ ★★★
したたかさ ★★★

漢字名：藤

別名：ノダフジ

類似種：ヤマフジ、ナツフジ、ハゴロモジャスミン

落葉樹／つる性木本／雌雄同株・同花

英名：Japanese wisteria

花期：4～6月

果実期：10～12月

おもな植栽地・生息地：学校、公園、住宅

原産地：日本

自然植生：本州～九州

人為的分布：北海道～沖縄

おもな用途：観賞用

魔性の年輪

冬芽の葉痕が山田孝之似

鞘をひねって中のマーブルチョコ風種が飛ぶ

花は上から咲く。終わり頃の花

木をおぼえる短歌

左フジ右手ヤマフジ巻きあがる
さやひねって飛ばすフリスビー

フジはアオキ（P100）と同じ日本固有種のようですが、生き方が真逆です。アオキが質素倹約生活ならば、フジは際限なく欲しがり、利用できるものは利用して勢力を伸ばします。私はフジのことを「魔性の女」と呼んでいます。なぜなら次から次へと背が高い木に上り、「やっぱこっちの人の方が背が高くていいわ♡」と、二股三股かけているからです。足場にされているのが成長の遅い木であってごらんなさい。純朴な青年がいいように利用されているように見えてしまいます。つる性の植物はこつこつ積み上げていくタイプの樹木と比べるとかなりずるいのです。フジの年輪もすべてが樹齢（年齢）ではなく、オマケの年輪がつくので、本当の樹齢はよくわかりません。やはりフジは魔性の女です。

フジにはフジ（ノダフジ）とヤマフジがあり、フジの葉の方が小さく、羽状複葉の小葉が多いです。つるの巻く方向も違います。自分がつるだとして、フジは左手で上に巻き、ヤマフジは右手で上に巻きます。つる植物は割と巻く方向を決めているものが多く、両方巻くものは少数派のようです。つるにも右利き、左利きがあるんですね。

フジの種は、毛の生えた堅い木の鞘に入っています。この鞘が突如ねじれ、マーブルチョコのような平べったい種が飛びます。種が無くなった鞘は、カリントウのようです。フジの種は一〇mぐらい飛ぶともいわれ、カリントウ型マーブルチョコ発射装置です。

早熟で魅力的　自らの邪気は受け入れる

バラ科

モモ

Amygdalus persica

見つけやすさ

花の美しさ

したたかさ

漢字名：桃

別名：なし

類似種：アーモンド、タチヤナギ、スモモなど

広葉樹／落葉樹／小高木／雌雄同株・同花

英名：Peach

花期：3〜4月

果実期：7〜8月

おもな植栽地・生息地：学校、公園、住宅

原産地：中国北部

人為的分布：北海道中南部〜九州

おもな用途：花は観賞用。実は食用

花弁がティッシュのようなハナモモの花

冬芽には毛がある

魅力的なモモの実

コスカシバが穴をあけ出ている樹液

木をおぼえる短歌

ハナモモの白きティッシュにクシャミする
冬芽毛があり葉は長細い

モモといえば桃太郎にひとこと言いたい！　絵本などに描かれるモモの葉っぱが、全然モモではありません。モモの実についている葉はどう見てもツバキ等のようで、本物はもっと細長くギザギザがついています。こんなつっこみを入れる人は面倒かもしれませんが、気になるのです。モモはウメの後に咲き、冬芽の毛が多いところがサクラやウメと違う所です。ハナモモの八重の白い花は、花粉症の時期と重なり、どうしてもティッシュに見えてしまいます。モモに限らずどの八重の花も雄しべなどが花びらになっているので、雄しべ雌しべが無いものが多く、実はなりません。ちなみにアーモンドはモモに近い種類です。

桃栗三年といわれるように三年で実がなり、木として三年って、とても早熟だと思います。しかもこんな魅力的な実、害虫が放っておくわけはありません。元気がない木は幹にコスカシバというガの仲間の幼虫に穴をあけられてゼリーのような樹液が出ています。この穴の数が多いほど元気がなく、日当りの悪い場所のモモなどはゼリーまみれです。

中国原産のモモは、奈良時代にナシなどと共に並木として植えられた木です。飢えをしのぐために植えられたようです。昔からモモには邪気を払う力があると考えられ、鬼を退治する桃太郎が産まれたり、ひな祭りの桃の節句は女の子を守る祈りが込められています。だけど現実のモモは、自分自身の病害虫さえ追い払えず、短命なのです。

金は借りんと言うけれど……

バラ科

カリン

Pseudocydonia sinensis

見つけやすさ
花の美しさ
したたかさ

漢字名：花梨

別名：アンランジュ

類似種：マルメロ、ボケ、リョウブなど

広葉樹／落葉樹／高木／雌雄同株・同花

英名：Chinese quince

花期：4〜5月

果実期：10〜11月

おもな植栽地・生息地：学校、公園、住宅

原産地：中国

人為的分布：北海道中南部〜九州

おもな用途：実は食用（果実酒、ジャム）、薬用（咳止め）。材は床柱、家具など

カリンの赤星病菌

良い香りの黄色い実

花が終わり、実がふくらみはじめる

ピンクでかわいい花

木をおぼえる短歌

硬い実の落ちる振動香りよく　迷彩ガラのオシャレなカリン

中国原産のカリンは、とても硬い黄色い実がなり、香りがします。花も可憐で、特につぼみがかわいいです。樹皮は緑色でまだらに剥がれます。剥がれる樹皮はオレンジ色で、鮮やかな黄緑が現れるので「この木は大丈夫か?」とよく聞かれます。幹でも光合成をしているのです。そんな樹皮を学生さんが「迷彩色」と表現してくれました。

梅雨時に葉に赤星病菌という菌類がつくことがあり、葉裏にホクロの毛のようなものが生えます。赤星病菌はイブキの仲間とカリンなどをいったりきたりする異種寄生性の菌類です。ナシにも赤星病があり、葉が落ちてしまうので実が十分につかなくなるようです。この菌類は寄生する二つがそろわないと生きられないので、ナシ農家の周囲にはイブキなどのビャクシン類を植えないようにしています。以前、赤星病が出ている目の前にカイヅカイブキ(P188)が植えてあり、赤星病にとって徒歩一分ぐらいの好条件の物件でした。病害虫は相手を厳密に決めているものが多く、元気な木を即座に枯らすほどの害はまずありません。相手が絶滅したら自分も困るからです(海外から来た病害虫は別です)。

よく「金は貸すけど、借りん」とカリンとカシの木を植えると縁起が良いと言われます。うちもカリンを植えていますが、家のローンはまだまだあります。貸すお金はないので、カシの木は植えられません。早く借金をナシ(梨)にしたいものです。

実は刺激的　根はデリケート

ミカン科

サンショウ

Zanthoxylum piperitum

見つけやすさ
花の美しさ
したたかさ

漢字名：山椒

別名：ハジカミ

類似種：イヌザンショウ

広葉樹／落葉樹／低木／雌雄異株

英名：Japanese pepper tree

花期：4〜5月

果実期：9〜10月

おもな植栽地・生息地：学校、公園、住宅

原産地：日本

自生地：北海道南部〜九州

人為的分布：北海道〜沖縄

おもな用途：若葉、若い実は食用。果皮は香辛料に

サンショウのスリコギ

トゲは対生。冬芽はりりしい男の子のよう

赤い実が割れて黒い種が出る攻めコーデ

雄花

木をおぼえる短歌

スリコギに冬芽りりしいトゲ対生　ぴりりと辛いサンショウの実

サンショウは雄と雌の木が別々で、実は雌の木になります。実は香辛料としてウナギや麻婆豆腐に使われます。痺れるような味なのは実の皮だけで、黒い種は全然味がしません。枝にはトゲがあり、枝が太くなるとトゲのあとがゴツゴツしてきます。その枝をスリコギとして利用します。スリコギも特にサンショウの匂いはせず、料理に影響しません。若い葉は「木の芽」と呼ばれ、薬味として使われます。似ているイヌザンショウの実は、香りが劣るといわれ利用されませんが、葉はレモンのような良い匂いがします。サンショウはトゲが対になっている対生で、イヌザンショウはトゲが交互に出る互生です。サンショウの葉痕と対生のトゲが組み合わさると、とてもりりしい男の子のように見えます。

春や秋、ミカン科のサンショウには、葉を食べているアゲハの幼虫を見つけることができます。サンショウは実の皮が赤くなってから、中から黒いつやつやした実が出てきます。この赤と黒の攻めコーデで鳥にアピールします。鳥に種を丸飲みさせ、遠くにまいてもらうのです。

サンショウは、日当たりが良い場所が好きですが、乾燥は苦手です。移植にも弱く、根鉢を崩すと枯れることがあります。また、大きくするのが難しく、夏の暑さなどで突然枯れてしまったりします。サンショウは、根が繊細なタイプではないかと思います。

発芽率に力入れてます

バラ科

ビワ

Eriobotrya japonica

見つけやすさ	★★☆
花の美しさ	★★☆
したたかさ	★★☆

漢字名：枇杷

別名：ヒワ

類似種：タイサンボク、シャクナゲ類など

広葉樹／常緑樹／小高木～高木／雌雄同株・同花

英名：Japanese loquat

花期：11～1月

果実期：5～6月

おもな植栽地・生息地：学校、公園、住宅

原産地：中国

人為的分布：東北中南部以南

おもな用途：実は食用。葉は薬用。材は杖、木刀などに

こんな所からもビワが！

新葉も毛が多い

食べごろの実

毛だらけのガクと花

木をおぼえる短歌

ビワの種播いてほぼ出る発芽率　羊のような冬の花咲く

ビワは中国原産とされていますが、日本在来種説もある木です。オレンジの実の形が楽器の琵琶に似ていることからビワと呼ばれます。実の食べられる部分は、じつは花托《かたく》という所で、茎が変形したものです。種が大きく食べる所が少ないのが難点のビワ。品種改良で種無しビワができたそうですが、まだ高級品です。桃栗三年柿八年、それに比べてビワは九〜一三年と実つきが遅いように言われていますが、ユズは九〜一八年らしく、仲間は割といると思います。モモとクリは特別早いのです。

ビワは冬に白い花が咲き、杏仁豆腐の香り。ツボミも新葉も毛だらけで、羊のようにもこもこです。葉が開いてからも葉裏に毛が残ります。葉は神経痛などの痛み止めにお灸を乗せて利用されます。ビワの材は堅く粘りがあり、剣道用の高級な木刀になるそうです。激しく打ち合っても折れないといいますが、アカガシ（P236）の木刀も高級と聞きます。試合でどちらが強いか試したいものです。

ビワの種は発芽率が良く、まくとだいたい発芽します。ビワの木のそばにも芽生えが見られると思います。その性質からか、世界に広く持ち込まれて栽培されています。

学校やお家で栽培する教材として、ビワは最適かもしれません。木を大きくはできないと思いますが、給食でビワを食べて、種をまいて芽が出たら、子どもたちは感動するのではないでしょうか？

COLUMN ②

木と草の違い

「木と草の違いって何ですか?」という質問は難問です。「大きいのが木で、小さいのが草」、「木質化するのが木、しないのが草」、「形成層があって太るのが木で、太らないのが草」、「一年で地上部が枯れないのが木、枯れるのが草」と、いろいろ区別の仕方はありますが、どれも例外の植物があります。木と草の「特徴」はいえますが、確実な「定義」はできないというのが現実なのだと思います。そもそも木と草に境界線はなく、人間が考えた分け方にすぎません。結局「木と草の違いはない」というのが一番正しいのでしょう。

でも、たとえば「人間みんな一緒だよ」と言われても、「あの人、いじられキャラだよね」とか、何かしらレッテルを貼りたいものです。木と草に分けるのも、理解するためにキャラのレッテルを貼るようなものかもしれません。

「草キャラ」のイメージを考えてみると、草は一度の草刈りでどんどんメンバーが変わっていきます。短期で種まで持って行かねばならないので、ぱっと出てぱっと咲いて、種を運ぶ工夫をして……刹那的な生涯です。生き急いでいるようにも見えます。

一方、「樹木キャラ」は、実をつけるまでに何年もかかります。数百年生きる木も普通なので、まずはこつこつ地盤作りをして、子孫を残すのはそれからというスタンス。ムクノキ、シンジュ、キリなど、雑草のように芽生えてたちどころに大きくなる木は、若い時は草キャラですが、のち樹木キャラに変化します。ツツジなどは小さい身体は草っぽいですが、何百年も生きる樹木キャラです。ヤシの仲間は先端を切ったら枯れたり、幹は樹木の年輪のように太りません。竹はどんどん広がるイメージが草っぽいですが、約一〇〇年に一回花が咲くというところはどっちなんでしょう。

つきつめると……、ヤシはヤシキャラ、竹は竹キャラなのではないでしょうか? そうなるとツル(蔓)キャラも入れなければなりません。

第3章 公園でよく見かける木

公園には、海外の目新しい木や、花が美しい木、大きくなる木などが植えられますが、鳥が種を運んで勝手に生えている木などもたくさんあります。池のそばや広場など、環境によって個性的な樹種と出会うことができます。

やり方がスマートじゃない爽やか系

クスノキ科

クスノキ

Cinnamomum camphora

見つけやすさ
花の美しさ
したたかさ

漢字名：楠、樟

別名：クス、ホングス

類似種：シロダモ、ニッケイ、ヤブニッケイなど

広葉樹／常緑樹／高木／雌雄同株・同花

英　名：Camphor tree, Camphor laurel

花期：5〜6月

果実期：10〜11月

おもな植栽地・生息地：公園、街路

原産地：日本、台湾、中国、ベトナム

自生地：四国〜九州

人為的分布：東北中部以南

おもな用途：葉やチップから樟脳（防腐剤）。材は建材、仏具に

春の落葉

三行脈の分岐のふくらみがダニ部屋

若い実。だんだん黒くなる

新葉の赤は紫外線から葉を守る

木をおぼえる短歌

ダニ部屋にダニをつめこみ葉を落とす
さわやかな香り大木クスノキ

クスノキの葉は主脈と側脈がきれいに分かれていて、これを三行脈《さんこうみゃく》と呼びます。この脈の分岐をよく見ると、ぷくっと小さなふくらみがあります。これはダニ部屋と呼ばれ、かつてはここに肉食性のダニがいるといわれていましたが、実際部屋にいるのは草食性のダニで、秋ごろに部屋の入り口を狭くしてとじこめ、新葉が出るころに葉を落としてクスノキ自らダニを駆除しているようです。クスノキ側としては、「いてもいいけど、新芽だけは食べないで」ということ？　まかない付きの部屋というおいしい話に騙されたダニたちに同情しますが、クスノキもダニが絶滅するまでやっつけはしないのです。

クスノキの葉をもむと、スーッといいにおいがします。この化学物質のおかげで病害虫を防ぎ、衣類の防虫剤の樟脳《しょうのう》がとれます。以前、九州でクスノキの林にいたら、枝ががんがん落ちてきて、恐怖したことがあります。風で幹が折れないように、自ら枝を落として風の抵抗を弱めるのです。クスノキは化学物質に守られ、「肉を切らせて骨を断つ」みたいなことも可能なのです。でも、やり方が雑っていうか、もっとスマートにできないものなの？　とも思います。ともあれ大風の日にクスノキの下に行くのは避けましょう。

日本で一番大きな木は、幹周二四mの鹿児島県蒲生の大楠です。クスノキは常緑樹の中では陽樹寄りです。長い間その場を占有し、光を得続け生き残ってきたのです。

根強い人気、弱い材

ヤナギ科

ポプラ（カロリナハコヤナギ）

Populus angulate

見つけやすさ
花の美しさ
したたかさ

漢字名：カロリナ箱柳

別名：カロリナポプラほか

類似種：セイヨウハコヤナギ（イタリアポプラ）、クロポプラなど

広葉樹／落葉樹／高木／雌雄異株

英名：Poplar

花期：3～4月

果実期：5～6月

おもな植栽地・生息地：公園、街路、学校

原産地：北アメリカ

人為的分布：北海道以南

おもな用途：街路樹。材で作った箱は旅行カバンとして使用されたという

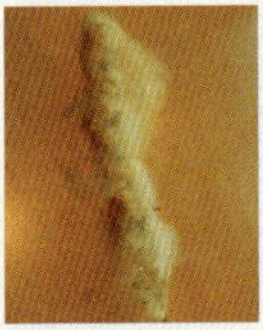

綿毛のある実

雌木の下には種の綿毛が積もる

かわいい顔の冬芽

セイヨウハコヤナギの樹形

木をおぼえる短歌

風吹かれ振り子のような葉のポプラ　晩春に積もる白い種綿

ポプラの種類にはいろいろあり、日本にはカロリナポプラがよく植えられています。皆さんが思うあの絵になる樹形はセイヨウハコヤナギ（右ページ写真）になります。ポプラは何かと人気で、お店の名前になったり、北大の並木、美瑛に車のCMで有名になったポプラもあります。ポプラの伐採をめぐって、国際的な事件（ポプラ事件）が起こる程、特にアジア人に熱狂的なファンがいるように思います。

成長は早いのですが、ポプラの材は柔らかく弱く、木材としては使えません。「箱柳」という名は旅行カバンとして利用されたからのようです。ポプラの根を調べたことがあるのですが、スコップが少し当たっただけで、パキッと切断できます。セイヨウハコヤナギは特に風に弱く、台風でひっくり返ります。ポプラを巡って伐採反対運動なども起こるのですが、そんなに長くは立てない木です。できたらポプラではない木を守ってあげて下さい。

ポプラの葉は不思議で、葉の柄が扁平で、葉に対して垂直についています。そのせいで、葉がメトロノームのように左右に振れます。材が柔らかいので、風の力を葉で受け流そうとこの形になっているようです。

ポプラは雄雌別々の木で、日本にはあまり雌の木は植えられていませんが、公園などでたまに見かけます。綿毛がついた種は雪のように積もり、何匹か犬の毛が抜けたのか？と思う程です。ヨーロッパやロシアなどでは、この毛がアレルギーを起こすようです。

化石の名前で生きてます

ヒノキ科

メタセコイア

Metasequoia glyptostroboides

見つけやすさ ●●○
花の美しさ ●○○
したたかさ ●○○

漢字名：曙杉

別名：アケボノスギ

類似種：ラクウショウ、スイショウ

針葉樹／落葉樹／高木／雌雄同株・異花

英名：Dawn redwood

花期：2～3月

果実期：10～11月

おもな植栽地・生息地：公園、学校

原産地：中国南西部

人為的分布：北海道中部以南

おもな用途：公園樹など

葉は対生

マツボックリ（球果）にリアルな唇が見える

若い実

雄花

木をおぼえる短歌

太古からタイムスリップ　メッチャセコイア
実にはクチビル　対生の葉っぱ

約八〇万年前まで日本にいた木なのですが、今植えられている木は、どんなに大きくても一〇〇歳を超えていません。化石植物だったメタセコイアと同じ木が中国で発見され、一九四九年以降にアメリカ経由で日本に苗木がもたらされました。逆算すると最初期に植えた木であっても、二〇二〇年は約七一歳です。ほとんど挿し木で増やされています。

葉は対生で柔らかく、秋には紅葉し、落葉します。マツボックリはサクランボのようにぶら下がりますが、落ちているのをよく見ると、リアルな唇が見えます。かなり精巧に彫られたかのような唇がたくさんついていて、上の方では笑い、下では怒っています。幹の樹皮は茶色く剥がれ、筋張っている感じを「痩せマッチョ」と呼ぶ学生がいました。どの木にも共通するのですが、木は毎年年輪を太らせ、大きくなってからも同じように太らせるのは、結構支出が大きいのです。そこで風などで揺れる時、力がかかるところだけを太らせるようになります。メタセコイアの切り株を見ると、成長が早く年輪幅がかなり広いのですが、ある年から突然でこぼこになり始めます。年輪をながめながら「この年に大人になったんだねえ」と目を細めます。材としては柔らかいし弱くて使えませんが、要所要所はしっかり支えています。

一度日本で絶滅しているメタセコイア。「めっちゃせこい」と子どもらにからかわれても動じません。

人の手で若返りを繰り返す

ブナ科

コナラ

Quercus serrata

見つけやすさ
花の美しさ
したたかさ

漢字名：小楢

別名：ホウソ、ハハソ、ナラ

類似種：ミズナラ、イヌシデ

広葉樹／落葉樹／高木／雌雄同株・異花

英名：Oak

花期：4～5月

果実期：9～10月

おもな植栽地・生息地：公園、学校、里山

原産地：日本

自生地：北海道南部～九州

人為的分布：北海道～九州

おもな用途：材は薪炭、器具、シイタケのほだ木に

冬芽は五角形

ドングリの尖った方から根を伸ばす

まだ青いドングリ

雄花

木をおぼえる短歌

五角形冬芽開くとふわふわで　ドングリ渋いコナラのおなら

コナラの冬芽は上から見たら五角形。芽はみんな丸いと思っていたので、とても驚きました。さらにその芽から出る小さな新葉が、毛だらけで触り心地が良いのです。
　コナラの花は花粉を風に運んでもらう風媒花で、匂いがない雄花がだらりと下がっています。受粉した雌花が膨らみ、秋にドングリが落ちると本能的に拾ってしまいますが、ドングリは乾くと芽が出ません。落ちたら早々にドングリの尖った方から根を出します。まるで乾燥を防ぐためのライフラインを確保するかのようです。春にはドングリ部分は地下に置いて、根が出た場所から枝葉が伸びます（地下子葉型発芽）。ドングリ部分が双葉に相当しますが、地上で双葉が開くことはあまりありません。

　コナラは薪炭やシイタケのほだ木として利用されていました。炭の材としてなら一〇年〜二〇年で伐採し、萌芽更新（P017）をします。雑木林の株立ち（根元から複数の茎が立ち上がること）になっている木は、人が伐採してひこばえが育った木です。樹木は一般的に若い時は萌芽力が強く、何十年もたつと萌芽しなくなってきます。打たれ強いのは若い時だけ。コナラは伐採されて一からやり直しを繰り返してきました。木は何度か若返ることができるのです。うらやましいですが、実際はどうなのでしょう？「また一歳？」とうんざりしているかもしれません。今は薪炭に使われることがないので、コナラは普通に年を取っています。

無口なスター

マツ科

マツ（クロマツ／アカマツ）

見つけやすさ ★★★
花の美しさ ★
したたかさ ★

Pinus thunbergii（クロマツ）
Pinus densiflora（アカマツ）

漢字名：松（黒松／赤松）

別名：オマツ／メマツ

類似種：ゴヨウマツ、テーダマツ、リギダマツ

針葉樹／常緑樹／高木／雌雄同株・異花

英名：Pine

花期：4〜6月

果実期：10〜12月

おもな植栽地・生息地：公園、学校、寺社、海岸（クロマツ）、尾根（アカマツ）

原産地：日本

自生地：クロマツ 東北〜九州沿岸域／アカマツ 北海道南部〜九州

人為的分布：北海道中部〜九州

おもな用途：庭木。林は防風林などに。材は建材や家具、床材など。樹脂は松ヤニとして

マツボックリ（球果）と羽根つきの種

菌根（乾燥を防ぎ、菌からリン酸等をもらう）

先端につく雌花と元につく雄花

アカマツの芽は赤い

木をおぼえる短歌

針の葉で光をたくさん浴びるマツ
キノコの友が荒れ地で助ける

マツは陽樹で、光を好みます。針のようなマツの葉は、二本セットになっていて、束ねているところが枝です。日本のマツは二葉、五葉マツがあります。

光を優先するあまり、土が良い場所では他の木との競争が激しく光が存分に得られないので、他の木が好まない山の尾根や海岸や火山などやせた土地をあえて選びます。とにかく光がたくさんないといけません。マツには菌根菌という協力者がたくさんいるので、やせた土地でもなんとかやっていけるのです。

日本のマツはひこばえや胴吹きが出せません（海外の三葉マツのリギダマツ、テーダマツ、ダイオウショウは出せます）。広葉樹などは葉が足りなければ、根元や幹の途中から必要な枝（ひこばえや胴吹き）を出し応急処置をします。マツはそんな応急処置ができず、大きく枝を切られたら新しい芽を出すことはできません（芽を出すものもあるが、枯れることが多い）。だからマツは、緑の枝部分を切る「緑摘み」という方法で形を整えます。広葉樹などを見て、ひこばえが出ていると「やばいって言ってる」と思うのですが、マツはそんな弱音を吐くことができないのです。ですから環境などをよく見ていないと、いきなり枯れて驚くこともあります。光が当たる場所で、協力者がたくさんいて、弱音をはけない……。マツは私的に高倉健さんなんですよね。不器用で無口な、でも光という目的に純粋に生きるマツに孤高のスター的な魅力を感じています。

虫や鳥は来て、植物は来なくていいよ

モクレン科

ホオノキ

Magnolia obovata

見つけやすさ ●●●
花の美しさ ●●●
したたかさ ●○○

漢字名：朴の木

別名：ホオガシワ、ホオ

類似種：トチノキ

広葉樹／落葉樹／高木／雌雄同株・同花

英　名：Japanese whitebark magnolia

花期：5～6月

果実期：9～11月

おもな植栽地・生息地：公園、住宅、街路

原産地：日本

自生地：北海道～九州

人為的分布：北海道～九州

おもな用途：材は版木、下駄、家具に。葉は調理に

筆のような形の冬芽

新葉の葉裏は銀色の毛に覆われている

マイクのようなこん棒に実をつける

大きいが蜜の無い花

木をおぼえる短歌

青空に一筆入れるホオノキは　大きい葉っぱ散らかしている

九州から北海道までに分布する日本産樹木。ホオノキの葉は大きく長さは四〇㎝前後もあります。この葉は朴葉味噌、朴葉焼き、ご飯を盛る食器などに使われていました。葉っぱに穴をあけてお面にすることもできます。葉芽はまるで筆のようで、空に向かっています。冬この冬芽がほころぶ春、一瞬だけ、銀色の毛に覆われた小さな葉が出てきます。これがこんな大きな葉の始まりなのです。大きくなると毛はまばらになりますが、葉裏に毛が残ります。

名の由来は「包」からといわれていますが、材がとても割りやすいので、素直さを意味する「朴」もあります。材は下駄の歯に使われます。ホオノキの花は大きいですが、蜜はありません。強い香りで虫たちを呼び、虫たちは香りに騙され、ただ働きです。秋にささくれた細長のマイクのようなこん棒に赤い実をつけます。

落葉が灰色なので「誰かが紙を散乱させてる！」と訴える人もいるようです。大きな葉なので確かに散らかって見えますが、生理現象なので許してください。

ホオノキは落ち葉や根から他の植物を芽生えさせない物質を出しています（アレロパシー）。他の植物を寄せつけず占有したいのです。以前、ごみ処理場になる予定の山へ行ったことがあるのですが、谷間にはホオノキの群落が見事に広がり、息を飲みました。「アレロパシーが産廃にも効けば良いのに」と、思いました。

アサ科

ムクノキ

Aphananthe aspera

見つけやすさ ★★☆
花の美しさ ★☆☆
したたかさ ★★☆

漢字名	椋木
別名	ムクエノキ、ムク
類似種	ケヤキ、エノキなど
広葉樹／落葉樹／高木／雌雄同株・異花	
英名	Aphananthe oriental elm, Muku tree
花期	4～5月
果実期	9～10月
おもな植栽地・生息地	公園、学校、住宅
原産地	東南アジア
自生地	関東地方以西～九州
人為的分布	東北中部以南
おもな用途	材はバットなどの道具、楽器などに

ムクノキはよく板根をつくる

葉の表面はヤスリのようなざらつき

ブルーベリーみたいな実

花

木をおぼえる短歌

負けず嫌い勝手に生えてたたえられ
ざらざらの葉で磨くムクノキ

植木屋さんに「この木何ですか?」と聞いて「そりゃ雑木だ」と言われるナンバーワンの木がムクノキだと思います。まるで雑草のように生え、成長が早く大木になります。DNAによる分類によりニレ科からアサ科となり、草っぽさに納得しました。樹木に囲まれていようとも押しのけて大きくなっていく雰囲気があり、負けず嫌いだなあと感じています。ムクノキは苗木が植えられることはほぼなく、種から自力で大木になった木がほとんどです。その大きさがたたえられ、名木になるものも少なくありません。普通なら過保護に大事にされて名木になるパターンの中、ムクノキは異色の叩き上げ。名木枠を狙って取りにいっていると思います。

実はレーズンのように甘いのですが、見かけはブルーベリー。ほとんどが種で食べられるところは少ないです。鳥などが食べて種を運び、電線や電柱の下、いろいろな隙間から発芽しています。

葉の表面は猫の舌のようなざらつきで、ヤスリ代わりになります。黄葉の前に葉を干し、樺細工、べっ甲などの工芸品の仕上げに利用されていたようです。

根が広く発達し、よく板根を作ります。白っぽい根が地表に伸びているのがよく見られると思います。ムクノキを無垢材と混同する人がいるのですが、無垢材とは、合板や集成材でなく一枚板という意味。ムクノキの材は建築材、野球のバットにも使われています。

虫たちが精霊

アサ科

エノキ

Celtis sinensis

見つけやすさ ★★☆
花の美しさ ★☆☆
したたかさ ★★☆

漢字名：榎

別名：なし

類似種：エゾノキ、ムクノキ

広葉樹／落葉樹／高木／雌雄同株・異花

英名：Chinese hackberry

花期：4〜5月

果実期：9〜10月

おもな植栽地・生息地：公園、住宅、街路

原産地：日本、朝鮮半島、中国

自生地：東北中部〜九州

人為的分布：東北〜九州

おもな用途：材は建築、家具、道具、薪に

目盛のような線は、芽の痕

エノキの双葉

バラバラに熟す実

雄花

木をおぼえる短歌

社交的ぎざぎざ半分エノキの葉
目盛ついてるたるみたれども

エノキは縁《えん》の木で吉の木とよばれ、神霊が宿るなど、いろいろな言い伝えがある木です。一里塚に植えられたのもエノキです。よい目印になり、旅の災厄を払い、木陰を提供していました。

エノキは本州〜九州の沿岸部〜低地に、似ているエゾエノキは北海道〜九州までの冷涼な地域に分布しています。エノキはアサ科。鳥が種を食べ、雑草のようにいろいろな場所から出てきます。エノキの種から出た双葉は、少しアサガオに似ています。樹皮を見て「なんでエノキには目盛がついているの？」と聞かれたことがあります。確かに！　幹や枝に線があります。これは芽の痕や枝があった痕が、年輪の成長と共に伸びているのです。エノキは他にも「枝に水かきがついている」とか「幹がたるんだお肉みたい」とか、突っ込みどころが満載です。

そんなエノキにはオオムラサキ、ゴマダラチョウなど多くの種類の虫たちが集まります。葉を食べる外来種のアカボシゴマダラも増えています。東アジア原産のアカボシゴマダラと在来のゴマダラチョウが交尾をしている写真を見てショックを受けました。蝶ではありませんが、海外には外来種と在来種が交雑した雑種が爆発的に増え、おかげで親が二種とも絶滅したという例もあるのです。在来のオオムラサキとゴマダラチョウはエノキの落葉でしか越冬できません。エノキの精霊たちの冬越しを見守りましょう。

日陰者の宇宙

アオキ科

アオキ

Aucuba japonica

見つけやすさ
花の美しさ
したたかさ

漢字名：青木

別名：アオキバ

類似種：サンゴジュ

広葉樹／常緑樹／低木／雌雄異株

英名：Japanese aucuba

花期：3〜5月

果実期：12〜4月

おもな植栽地・生息地：公園、住宅

原産地：日本

自生地、人為的分布：北海道南部〜沖縄

おもな用途：かつて葉は薬用に、味噌のふたにも

白い斑が入った葉は宇宙のよう

赤い実

雌花

雄花

木をおぼえる短歌

暗くても日向の乾燥苦手なの　競争のがれる赤い実アオキ

アオキは陰樹の代表のような木で、日当たりの良い場所に植えると葉が黒くなり、元気がなくなります。まるで少食の人が「そんなに食べられない」と困っているようです。でも決して光が嫌いなわけではなく、光が当たるほうへ枝を伸ばします。日向は土が乾燥しやすいので、乾燥が苦手なのだと思います。

森は、我先にと光を得るために高く成長する木々の競争社会。そんな競争にハナから参加せず、日陰を選ぶアオキはすごい！　ただ、最近はシカが増えて食べられちゃうのは誤算だったけど、都市の緑地では増えています。

アオキは日本固有種で、雌雄異株。赤い実が美しいとヨーロッパに持ち込まれましたが、雌だけ持ちかえったので、雄の花粉がなくて実がならなかったという話があります。

赤い実はお正月ぐらいに赤くなるのですが、二月なのにまだ緑のままの実があります。それはアオキミタマバエの虫こぶです。多少赤くなることもありますが、これにやられるとアオキの種はできません。

フイリアオキという白い模様の入った葉があります。斑入りはウイルス病か、または固定した品種があるようです。最初「ウイルス病が美しい？　美しくなるために病気？」とあまり好きになれなかったのですが、息子が葉を「宇宙みたーい」と言うので、コロリと好きになりました。「宇宙アオキと売り出しては！」と思ったら、スターダストという品種がすでにありました。

甘い香りに誘われるカツラのドッキリ

カツラ科

カツラ

Cercidiphyllum japonicum

見つけやすさ
花の美しさ
したたかさ

漢字名：桂

別名：オカヅラ、コウノキ

類似種：ナンキンハゼ、ハナズオウ、トサミズキ

広葉樹／落葉樹／高木／雌雄異株

英名：Katsura tree

花期：3〜5月

果実期：10〜11月

おもな植栽地・生息地：公園、住宅、街路、里山

原産地：日本

自生地、人為的分布：北海道〜九州

おもな用途：材は建築、家具、細工物、鉛筆、碁盤などに

枝の分岐に冬芽がつくと宇宙人のよう

年輪。材は散孔材

鞘に入っている飛ぶ種

イソギンチャクみたいな雌花

木をおぼえる短歌

早春に赤く色づく枝カツラ　食欲そそる秋のみたらし

子どもに「面白い名前の木といえば？」と聞いたら、「カツラ！」と答えられました。なるほど髪の毛のカツラね。そんなカツラは、白亜紀の花粉の化石が発見されていて、かなり古い植物です。古い子はだいたい不思議ちゃん。枝が二つに分かれている所に冬芽が二つつくと宇宙人みたいに見え、なんだか不思議な枝ぶりをしています。あと、秋に葉が黄色く色づき、落ち葉が甘い香りを放ちます。醤油、カルメ焼き、綿菓子、みたらし団子などと表現されます。この匂いも特に生き物を呼んでどうこうということはないようで、なぜなのか不思議です。団子屋かと思わせ、人をおびき寄せても、ドッキリぐらいにしかなりませんよね。ただ、香りが出ることから、香《か》出《ず》ら、カツラと名づけられたようです。緑の葉は香りません。

カツラの花に花弁はなく、赤い雄しべや雌しべだけで、早春に枝が燃えるように見えます。ちなみに雌雄異株で、風媒花です。

カツラの樹皮は、若い頃はサクラの樺細工のようにすべすべで、大木になるとささくれて変わってしまいます。材は道管が散らばった散孔材（⇔環孔材・P028 ケヤキなど）で、鎌倉彫の材料や建築材、家具に利用されます。種は鞘の中に飛ぶ種が入っています。カツラは沢沿いに多く、思いがけない大木に出会うことがあります。沢は土が崩れやすいので、ひこばえをたくさん出し、いつ倒れてもすぐに立てなおせるよう保険をかけています。

ニレ立ち枯れ病には強いっす

ニレ科

アキニレ

Ulmus parvifolia

見つけやすさ
花の美しさ
したたかさ

漢字名：秋楡

別名：イシゲヤキ、カワラゲヤキ

類似種：ハルニレ、ケヤキ

広葉樹／落葉樹／高木／雌雄同株・同花

英名：Chinese elm、Lacebark elm

花期：9月

果実期：10〜11月

おもな植栽地・生息地：公園、住宅、街路、河原

原産地：日本、中国、朝鮮半島、台湾

自生地：中部以西

人為的分布：北海道〜沖縄

おもな用途：かつて樹皮は縄や接着剤に

羽つきの丸い種

半分にたたまれている新葉

冬芽

秋に花が咲き、すぐに種を作りはじめる

木をおぼえる短歌

巻き込み力繁殖力はねばり有り
小さな葉っぱ飛ぶ種アキニレ

アキニレは秋に花が咲き、すぐに薄く丸い種になり風に飛びます。いつ咲いたのかよくわからないぐらい花は地味ですが、ニレ科で秋に咲く木は少ないようです。河原など水辺を好み、飛ぶ種は石の割れ目に似たコンクリートの隙間に入り、様々な場所で芽生えています。葉は小型で左右非対称、一口ビスケットのようです。木は大木までは大きくなりません。樹皮はまだらに剥げ、ケヤキの剥げ方の小規模版です。昔は樹皮で縄を作ったり、内樹皮を叩いて接着剤に使っていたようです。

ニレ立ち枯れ病というニレの病気があり、ヨーロッパ、アメリカ、ニュージーランドで猛威を振るっています。アキニレはこの病気に特に強く、これらの国で在来のニレの代わりに植えられたり、病気に強い品種を作るために使われています。ニレ（エルム）は欧州で大切にされている木でしたが、この病気により三〇年で巨木と呼ばれる木は無くなってしまったそうです。ニレにとっては『エルム街の悪夢』的な怖い話です。原因はアジア原産の菌類で、それがウイルスにより強毒化してしまい、感受性の強い欧州のニレたちは大打撃。元気な木でさえ枯れたようです。一方、アジア原産の菌なので、日本のニレはこの病気に強いのです。病原菌も長い間付き合いのある地物には対応できるのですが、よその病原菌は対応できないのが「生き物あるある」なのです。だからアキニレは万能な訳ではなく、違う病気には弱かったりもします。

花は四手、実はミノムシとホップ

カバノキ科

イヌシデ

Carpinus tschonoskii

見つけやすさ
花の美しさ
したたかさ

漢字名：犬四手、犬紙垂

別名：シロシデ、ソネ、ソロ

類似種：アカシデ、クマシデ、サワシバ、ヤシャブシなど

広葉樹／落葉樹／高木／雌雄同株・異花

英名：Chonowski's hornbeam

花期：4～5月

果実期：10月

おもな植栽地・生息地：公園、住宅

原産地：日本、中国、朝鮮半島

自生地：東北中部～九州

人為的分布：北海道南部～九州

おもな用途：盆栽など観賞用。材は炭やシイタケのほだ木に

新葉は毛に覆われ、うっとり

イヌシデの果苞は片側しか鋸歯がない

若い果穂

雄花

木をおぼえる短歌

灰色のシマウマ樹皮と四手の実は
鋸歯のリズムが気まぐれイヌシデ

イヌシデは、ぶら下がる花が神社の四手に似ているのでシデとなりました。四手は、しめ縄や玉串につける紙で作った飾りのことです。イヌシデの種は苞と呼ばれるものに包まれ、まるでミノムシ。ビールのホップにも似ています。樹皮は灰白色で、イヌシデは縦縞が分かりやすいので、地味なシマウマにみえます。葉には毛があり、鋸歯は気まぐれなギザギザを刻みます。シデの中でもイヌシデが一番粗い鋸歯のように見えます。アカシデに似ていますが、アカシデは毛がなく、葉も小さく、果苞《かほう》の形が違いミノムシがぼさぼさした雰囲気です。庭や公園には、紅葉がきれいなアカシデが好んで植えられます。イヌシデは新しい枝と新葉の毛がふわふわでかわいいので、私はイヌシデ推しです。葉も黄色く色づきます。

材は堅いけれど腐りやすく、耐久性は低いようです。シイタケのほだ木、盆栽などに利用されます。都会に残された緑地には今でも株立ちのイヌシデが多く見られます。それは昔、人が根元で伐採し、薪炭材として利用したからです。切り株からは、ひこばえが伸びて育ち株立ちになりました。イヌシデもコナラ（P090）と共に若返りを繰り返してきた木の一つです。

イヌシデは岩手、新潟以南に分布し、関東に多く見られます。シデの仲間は他にクマシデ、サワシバがあります。クマシデは葉が大きく、サワシバは葉の付け根がハート形です。

共に進化するオンリーワンのパートナー

クワ科

イヌビワ

Ficus erecta

見つけやすさ ★★★
花の美しさ ★
したたかさ ★★

漢字名：犬枇杷

別名：イタビ、イタブ

類似種：イタビカズラ、イチジク、ロウバイ

広葉樹／落葉樹／低木〜小高木／雌雄異株

英名：Inu biwa

花期：4〜5月

果実期：10〜11月

おもな植栽地・生息地：公園、住宅

原産地：日本、朝鮮半島、台湾

自生地：関東以西

人為的分布：東北南部以南

おもな用途：実は食用にも

冬芽

バラバラに熟す実

雄花の断面。たくさんの花粉

イヌビワコバチのための冬の花（雄花）

木をおぼえる短歌

イヌビワのコバチ接待冬の花　仲人終わり秋の甘い実

イヌビワはイチジクの仲間で、ビワの仲間ではありません。名前をつける時、イチジクがまだ浸透していなかったので（イチジクは江戸時代以降に渡来）、ビワより劣るという意味の名前になってしまいました。イチジクの仲間は、葉や枝を傷つけると白い液が出てきます。これは防虫の役割があると思われます。イチジク属の最大の特徴は、袋のような物の中に花が咲くことです。一見実に見えるものが花で、コバチの仲間が穴に入り、受粉を助けます。イチジクの仲間はイタビカズラやアコウ、ガジュマルなど、南方の木が多いですが、イヌビワは関東から九州に分布し、寒さに適応した種類です。秋の黄葉はとてもきれいで、低木なので目を引きます。甘くて黒い実がなり、鳥が食べて広げ、都内の公園には増えているように見えます。

イヌビワの実は、イヌビワコバチがいないと受粉ができません。そのため、イヌビワはイヌビワコバチに食事つき冬の別荘（雄花）を準備しています。越冬し羽化したコバチは若い雄花にたどりつき、中で産卵し、死にます。一方、雌の花に入ったコバチは産卵ができる花を探しまわり、結局産卵できずに、死にます。コバチがいなくなると、イヌビワは実がならないし、イヌビワが無くなるとコバチは産卵できないのです。この共生関係丸ごと一緒に進化してきたので、個々ではなくイヌビワとセットで扱うべき生き物たちなのです。

雑木林からシンボルツリーに転身

エゴノキ科

エゴノキ

Styrax japonica

見つけやすさ ★★☆
花の美しさ ★★★
したたかさ ★★☆

漢字名：斉墩木、野茉莉

別名：チシャノキ、ロクロギ

類似種：ハクウンボウなど

広葉樹／落葉樹／小高木／雌雄同株・同花

英名：Japanese snowbell

花期：5〜6月

果実期：8〜10月

おもな植栽地・生息地：公園、住宅、里山

原産地：日本、朝鮮半島、中国

自生地：北海道南部以南

人為的分布：北海道中部以南

おもな用途：材は将棋の駒に。若い実は洗浄剤に使われていた

エゴノキ一筋のエゴノキタケがついた枝

冬芽は予備芽と二つセット

若い実を洗剤にしていた

エゴノネコアシアブラムシの虫こぶ

木をおぼえる短歌

幹黒くシャンデリア白く咲き誇る
一途なキノコつきまとうエゴノキ

エゴノキは、いっせいに白い花を咲かせる姿が人気で、最近は庭のシンボルツリーなどになっています。「ピンクチャイム」というピンクの花のエゴノキもあります。北海道から沖縄まで、雑木林に普通に生えている木で、若木の紫がかったような黒い樹皮が個性的です。エゴノキの冬芽は、大きい主芽と小さい予備芽の二つが一緒に並んでいます。片方がダメになった場合の予備が準備されているのです。他の木の枝は細くてもなかなか折れませんが、エゴノキはパキッと簡単に折れてしまうから保険をかけているのでしょうか。

実の形が乳に似ているからチシャノキと呼ばれたり、ロクロを使って細工物を作ったのでロクロギと呼ばれたり、実の味がえぐいかららエゴノキなどと名前はいろいろあります。若い実は洗剤として使われたり、魚毒で漁に使われたようです。

エゴノキの枯れた材には、裏が迷路状のエゴノキタケという硬いキノコがつきます（前ページ左下写真）。このキノコはエゴノキにしかつきません。エゴノキタケがあれば、エゴノキというわけです。エゴノキには、まるで緑の猫の足のようなものがつくことがあり、それはエゴノネコアシアブラムシというアブラムシが作った虫こぶです。エゴノキは陽樹。薪炭林としてコナラ等と共に萌芽更新されることで、光を確保し勢力を広げたのではないかと思います。時代の波にのり、今は住宅街に進出中です。

褒めて伸びるタイプ

クルミ科

オニグルミ

Juglans mandshurica

見つけやすさ
花の美しさ
したたかさ

漢字名:鬼胡桃

別名:なし

類似種:サワグルミ、テウチグルミ

広葉樹/落葉樹/高木/雌雄同株・異花

英名:Japanese walnut

花期:5~6月

果実期:9~10月

おもな植栽地・生息地:公園、住宅

原産地:日本

自生地:北海道~九州

人為的分布:北海道以南

おもな用途:種は食用

若い樹皮

冬芽の葉痕が猿や羊に見える

若い実

「けんけつちゃん」に似ている雌花

雄花

木をおぼえる短歌

羊猿表情豊かなオニグルミ　光が褒めて伸びゆくタイプ

オニグルミは北海道から九州に分布し、河原や谷沿いで生活しています。林の中で見たオニグルミの芽生えは、ずっと小さかったのですが、光が当たった途端急速に成長しました。オニグルミは他の木が倒れるなど、光のチャンスを逃さない瞬発力を持っています。まるで褒めるとすぐに伸びる子どものようです。

オニグルミの葉は奇数羽状複葉で、ごわごわした毛が生えています。冬芽の葉痕はサルの顔のようです。花は雌雄異花で、雄花はひも状でぶら下がり、雌花はまるで献血キャラクターの「けんけつちゃん」です。風媒花で受粉すると、毛の生えた緑の実ができます。実の皮はタンニンを含み、染物などに利用されます。このタンニンは実る前に動物に食べられないためでもあるようです。実は落ちると、皮が真っ黒になり中からあのクルミが出てきます。そのクルミをリスやネズミが運び、貯蔵します。リスたちが食べ忘れることが前提のライフプランのようで、「そこ頼る?」と心配になりましたが、クルミは水に浮き、水でも運ばれます。食べ忘れ一択では不安です。

クルミは殻がとても堅いので、精密機器の研磨剤や、スタッドレスタイヤに利用されています。オニグルミはよく売られているカシグルミと殻が違うので、オニグルミ専用のくるみ割り道具でないと割れません。

クルミには植物を阻害するアレロパシーがありますが、ササ類などそれが平気な植物もあり、友達を選ぶタイプのようです。

紅葉と甘い樹液と天使の羽

ムクロジ科

モミジ／カエデ（イロハモミジ）

見つけやすさ
花の美しさ
したたかさ

Acer palmatum

漢字名：楓、伊呂波紅葉

別名：タカオモミジ

類似種：ヤマモミジ、オオモミジ、コハウチワカエデ

広葉樹／落葉樹／高木／雌雄同株・同花、または雄花

英名：Maple

花期：4～5月

果実期：7～9月

おもな植栽地・生息地：公園、住宅、寺社、里山

原産地：東アジア

自生地：福島県以南～九州

人為的分布：東北中部以南

おもな用途：観賞用。公園樹、庭木

ウリハダカエデの雄花

ウリハダカエデの幹

上向きにつく実。天使の羽のよう

イロハモミジの花。カエデの花はみんな小さい

木をおぼえる短歌

プロペラをくるくる廻し飛ぶ種は
カエルの手に似た紅葉《こうよう》モミジ

切れ込みのあるモミジの葉先を「いろはにほへと」と数えるから、イロハモミジと呼ばれます。モミジの仲間は以前カエデ科でしたが、今はムクロジ科。葉がカエルの手に似ているから「カエル手」からカエデになったのに、ムクロジ科となり、話がややこしいです。葉は重鋸歯(二重のぎざぎざ)、花は下向きに咲くのに、翼つきの実は上向きにつきます。似ているオオモミジは単鋸歯で実が下向きにつきます。

モミジの仲間は、樹液からメープルシロップが取れます。木は冬前に、寒さで凍らないように辺材の柔細胞や内樹皮の糖度をあげます。寒さに備えるため寒冷地では、特に早春に根の細胞の濃度差による根圧が高まり、大量に水を吸い上げます。普段は道管液は甘くなく、柔細胞から糖が道管へ移動し葉を開くエネルギーとなります。その時期限定の樹液なのです。川沿いの樹齢約六〇年のイタヤカエデに小さな穴をあけ、三日で約二〇ℓの樹液がとれたそうです。メープルシロップはカナダ国旗のサトウカエデが有名ですが、日本のウリハダカエデも良いと聞きます。ウリハダカエデは、性転換することで知られています。コンニャクなどの仲間も性転換をしますが、芋が小さい時は雄の花で、大きくなったら雌の花が咲きます。余裕ができたら雌になるというプランです。ウリハダカエデも同じプランではありますが、環境が悪化した時も雌になるようです。確実に自分の子どもを残す！　という切実な生存戦略だと思います。

臭いけど、うまそうな匂い

シソ科

クサギ

Clerodendrum trichotomum

見つけやすさ
花の美しさ
したたかさ

漢字名：臭木

別名：クサギナ

類似種：ボタンクサギ、イイギリ、キリ

広葉樹／落葉樹／小高木／雌雄同株・同花

英名：Harlequin glorybower

花期：7～9月

果実期：9～11月

おもな植栽地・生息地：公園、住宅、街路

原産地：日本、中国、朝鮮

自生地、人為的分布：北海道～沖縄

おもな用途：若葉は食用。実は染料に

鳥のおかげで道路にも勝手に生えてます

冬芽の葉痕は笑うカエル君

ガクは赤、実は青。鳥への攻めコーデ

ジャスミンに似た優しい花

木をおぼえる短歌

ブルーチーズ　ピーナツバター　ビタミン剤
クサギの葉っぱ　とれるとカエル

クサギは北海道から沖縄まで分布し、道端などに生えている木です。街中でも線路沿いや電柱の下、石垣などから伸びているのを見かけます。クサギの葉をちぎると、独特の匂いがするので、臭い木ということでクサギとなりました。今は昔の人と匂いの感覚が変わってきていて、臭いと逃げる人はあまりいません。若い人に葉をかがせると、「おいしそう」「肉っぽい」「ピーナツバター」「ブルーチーズ」「ビタミン剤」と、悪い匂いの感想はほとんど出てきません。ヨグソミネバリという木があるのですが、樹皮のサロメチールのような匂いを昔の人は肥溜めのツンとする匂いだと「夜糞」と名づけています。スーッとする良い匂いなのですが、クサギ同様嗅ぎなれない匂いだったのだろうと想像します。

クサギの葉の匂いは、虫などに食べられないためだと思います。一日嗅いでいたらさすがにきついですが、葉を天ぷらにすると匂いは消えて普通に食べられます。

クサギの冬芽は濃い赤紫で、葉痕はカエル君がニコニコしています。新葉には毛がたくさん生えていて柔らかく、花は薄いピンクで良い香りで(臭くなく)優しい雰囲気です。ただ実の色はド派手。ガクが赤く、実は青という攻めコーデ。これは鳥に実を食べてもらうために目立たせる作戦なのですが、あの優しそうな花からこの実の変貌ぶりは、キャラが変わりすぎです。青い実で絹を染色したら、媒染なしで優しい水色に染まります。

生き物マンション

クワ科

クワ（ヤマグワ）

Morus australis

見つけやすさ ★★☆
花の美しさ ★☆☆
したたかさ ★★★

漢字名：山桑

別名：なし

類似種：マグワ、ヒメコウゾ、コウゾ、カジノキ

広葉樹／落葉樹／低～高木／雌雄異株、まれに同株・異花

英名：Mulberry

花期：4～5月

果実期：6～7月

おもな植栽地・生息地：公園、住宅、街路、畑

原産地：日本

自生地、人為的分布：北海道～九州

おもな用途：葉は蚕の餌。実は食用。材は家具や楽器などに

落ちたクワの実から出るキツネノワンタケ

バラバラな形の葉

柱頭が残るヤマグワの実

雄花

木をおぼえる短歌

生き物に人気の物件マルベリー
クワの葉っぱに同じものなし

クワの木は、カイコを飼うために中国から持ってきた品種のマグワ（クワ）と、北海道から九州に生えるヤマグワがあります。

繭《まゆ》をカイコが羽化する前に煮てほどくと、一本の絹糸として巻き取られます。カイコも人が作った家畜で、クワコというガが原種です。

クワの材は堅く、磨くと美しいので、調度品、杖、楽器に利用され、高級材の部類です。

クワの葉は、切れ込みがあるものと無いもの様々取りそろえており、同じ枝でもばらばらな形の葉がついています。花はあまり目立たない雌雄異花で、雄株と雌株、雄雌両方の花が咲く両性株があります。キイチゴのような実がなり、ヤマグワは柱頭が残りますが、マグワは残りません。黒く熟すと甘く、食べると手や口が赤黒くなり、この色をドドメ色、実をドドメと呼ぶこともあります。日本ではドドメ、英語ではマルベリー、呼び名がどうしてこうも違うのでしょう？「ドドメ食ったんか？」「マルベリーお召し上がりになったの？」では色も味も違ってきそうです。

ヤマグワが一本あるだけで、多くの生き物が集まります。葉を食べるガの幼虫類、幹に入るカミキリムシ類、実を食べにくる鳥たち、他にも枝にキクラゲが生えたり、落ちた実からキツネノワンタケやキツネノヤリタケが出ることがあります。ヤマグワは、多くの生き物が集まりたくなる人気物件なのです。桑畑は少なくなりましたが、鳥の働きで街や畑の隙間にたくさん生えています。

柄の存在感が、他を凌駕する

クロウメモドキ科

ケンポナシ

Hovenia dulcis

見つけやすさ ★☆☆
花の美しさ ★☆☆
したたかさ ★★☆

漢字名：玄圃梨

別名：ケンポノナシ、テンボナシ、ケンノミ

類似種：ヤマグワ、シナノキ、ハンカチノキ

広葉樹／落葉樹／高木／雌雄同株・同花

英名：Japanese raisin tree

花期：6〜7月

果実期：9〜10月

おもな植栽地・生息地：公園

原産地：日本、朝鮮、中国

自生地、人為的分布：北海道南部〜九州

おもな用途：材は家具などに。葉と樹皮は茶にも。果柄は薬用にも

冬芽

果柄の先端の白い実の中に種が入っている

個性的な果柄。レーズンのような甘さ

控えめに咲く花

木をおぼえる短歌

甘い枝個性あふれるケンポナシ　葉花あっても形忘れる

花も実も葉も吹っ飛ばして、一番目立つのはケンポナシの果柄《かへい》です。申し訳程度にぷらんとついている実よりも、柄に存在感がありすぎて、花も葉もどんな形なのか頭に入ってこないのです。しかも、知恵の輪のように絡んでいるその柄は甘く、上品なレーズンのような味がします。英名はジャパニーズレーズンツリー、この甘い柄は二日酔いにも効くといいますが、本当に効くのでしょうか？ 葉には酒臭さを消す物質を含むようで、チューイングガムにも利用されています。アルコール関係ではあるようです。薬用で栽培されていたこともあり、公園などにたまに見られます。

実は柄ごと落ちて、甘酸っぱい香りが漂います。その匂いに誘われてタヌキなどの動物が食べ、糞で散布します。種は小さく茶色のつやつやで、つるっと糞で出ます。タヌキの溜め糞にこの種がどっさり入っていました。

一見ヤマグワに似た葉は、ナツメ（P198）と同じように甘さを感じさせなくする成分を含んでいます。葉が二つ交互に並ぶコクサギ型葉序《がたようじょ》が目印です。梅雨時に、花の元部が毛に覆われた緑の花を咲かせます。

環孔材で木目が美しく、狂いが少ないので材は指物などに利用されました。しかしクワの代替品扱いで、クワ材の方が高級品のようです。同じクロウメモドキ科のナツメも高級材と扱われていて、ケンポナシは材としては一歩遅れをとっているようです。

でっかい花弁、移植は勘弁

モクレン科

タイサンボク

見つけやすさ ★★☆
花の美しさ ★★★
したたかさ ★☆☆

Magnolia grandiflora

漢字名：泰山木、大山木

別名：ハクレンボク

類似種：ヒメタイサンボク

広葉樹／常緑樹／高木／雌雄同株・同花

英名：Southern magnolia

花期：5〜7月

果実期：10〜11月

おもな植栽地・生息地：公園、住宅

原産地：北アメリカ

人為的分布：東北中部以南

おもな用途：公園樹

実（集合果）の柄がマイクっぽい

ふわふわの花芽カバーの毛

アメリカンサイズの花芽

大きくて香りのよい花だが、蜜はない

木をおぼえる短歌

おもてつるっ葉裏フワフワ　タイサンボク
大きなつぼみアメリカンサイズ

タイサンボクは、花と実がホオノキそっくりで、初夏大きな花を咲かせます。咲く直前に大きな花芽が登場し、それがふわっふわのアメリカンサイズ。毛を触ると、うっとりするほど柔らかく気持ち良いです。その後すぐに花芽の毛皮コートは脱ぎ落とされて、直径二〇cm前後の花が咲きます。私はいそいそと毛皮を拾い、「ふわふわ箱」に入れます。

　大きな花はモクレン科共通で、香りはありますが蜜はありません。虫にとっては詐欺的な花ですが、モクレンの仲間は地球上にハチが現れる前に花が進化したので、ハチ向けになっていないようです。花はがっしりとした作りなので甲虫相手なのではないかと思われます。雌しべがやたら多いのも、古い植物ならではなのか、少し不思議ちゃんなのです。

　タイサンボクはアメリカ原産の常緑樹。しっかりとした葉の裏には毛があり、表はつるつるです。移植が特に難しい木なので、大きくなるのを想定して移植しなくて良い場所に植えてください。木の移植を簡単に考えている人は多いのですが、基本的に木は移植が苦手です。木は動かないで生きることに長けた生き物なので、移植するとかなりのダメージを受けます。そこで移植の前に根回し（環《かん》状《じょう》剥皮《はくひ》）という作業をするのです。移植の数カ月～一、二年前に根の皮を剥いてそこから新しい根を出しておきます。移植で根を切っても、新しい根で養水分がすぐに吸えます。根回しは政治家より、植木屋が先なのです。

大胆不敵、太く短い人生

カバノキ科

ハンノキ

Alnus japonica

見つけやすさ ★★☆
花の美しさ ★☆☆
したたかさ ★★☆

漢字名：榛の木、日本榿木

別名：ハリノキ

類似種：ヤシャブシ、ケヤマハンノキ、サクラバハンノキ

広葉樹／落葉樹／高木／雌雄同株・異花

英名：Japanese alder

花期：11～4月

果実期：10月

おもな植栽地・生息地：公園、住宅、田圃

原産地：日本、朝鮮半島、満州

自生地：人為的分布：北海道～沖縄

おもな用途：材は薪炭、建築、器具、楽器用。実・樹皮は染料に

冬芽はワックスでべたつく

ミニ松ぼっくりから出てくる種

冬に咲いている雌花

冬に咲いている雄花

木をおぼえる短歌

得意です！　みんなが嫌う湿地帯　光に貪欲　非対称の葉

ハンノキは湿地の木。ハンノキには樹皮の皮目から根へ空気を送る機能があり、他の木が入ることができない沼や湿地で大胆不敵に光を独占します。流れのない水がたまっている所は酸素が少なく、ほとんどの木は根の呼吸ができず、枯れてしまいます。

昔は田んぼのそばに植えられて、稲架木《はさぎ》として利用されました。田んぼも湿地と同じく過湿な土なので、他の木を植えても育ちません。今は稲刈りも機械化し、稲架《はざ》掛《か》け自体がなくなり、ハンノキを柱にして稲を干す光景はほとんど見られなくなってしまいました。

ハンノキの根には放線菌がいて、やせた土地でも空中の窒素を固定してもらい共生しています。ただ、他の木と比べると寿命が長いとはいえず、太く短い人生のようです。

ハンノキは雄雌の花芽がまるで裸です。いくら裸芽といっても、あまりにもむき出しだと思ったら、真冬に咲いているようです。冬は葉がないから、花粉が葉について無駄にならないため？　だったら早春でもよくね？　他の木は芽をしっかり覆い寒さに耐えますが、寒さ対策が面倒なのか、節約なのか、怖いもの知らずです。葉芽はワックスがけで対策しますが、やや手抜きな葉っぱが開きます（葉脈は頑丈です）。過湿な場所で暮らすのは大変で細かい所まで手が回らないのかもしれません。しかし実だけは繊細、ミニ松ぼっくりでタンニンを含み、がっちり種を守ります。子どもには優しい肝っ玉母ちゃんなのです。

不動の人面樹

ミズキ科
ミズキ

Cornus controversa

見つけやすさ ★★☆
花の美しさ ★★☆
したたかさ ★★☆

漢字名：水木

別名：クルマミズキ

類似種：クマノミズキ

広葉樹／落葉樹／高木／雌雄同株・同花

英名：Giant dogwood

花期：5〜6月

果実期：8〜11月

おもな植栽地・生息地：公園、住宅

原産地：アジア東南部

自生地：北海道〜九州

人為的分布：北海道以南

おもな用途：材はコケシなどの細工物、器具、下駄に

赤い冬芽は美しい

人面樹（半魚人）っぽい幹

赤い柄に黒い実が目立ち、鳥にすぐ食べられる

平らに咲く花は、様々な虫を待つ

木をおぼえる短歌

赤い芽は上向きミズキ上昇志向　花の広場に転がる甲虫

早春、水をたくさん吸い上げるミズキ。枝を切ると水がしたたり落ちます。この樹液に酵母が繁殖し、その後フザリウム菌などが働き、オレンジ色のゼリーのようになることもあります。水が出るから水木となり、火事にならないように植える風習もあります。

葉が互生で葉の柄の長いものがまじるのがミズキで、似たクマノミズキは対生で葉の柄の長さは同じです。どちらも白い小さな花を平らに咲かせ、不器用に飛ぶ甲虫類を待ちます。ハナムグリなどの甲虫類は、花の上でゴロンと転がって着地します。おかげで花粉を体中につけて他の花へ移動してくれます。ミズキの実は黒く熟し、鳥に食べられてすぐになくなり、柄が赤いサンゴのように残されます。鳥への赤と黒の攻めコーデが効いています。

葉をそっとちぎると、白い糸が出てきます。これは維管束の一部だそうで、糸をたくさん出して葉で遊ぶこともできます。冬芽と枝は赤く、横へ伸びた枝も枝先は上を向き、向上心を感じます。この赤い枝を小正月の繭玉飾りに使います。材は心材と辺材の区別がつかず、淡黄白色。細工がしやすいので、コケシの材料などになります。

ミズキは、枝を同じ所から伸ばすので、枝の落ちた痕が目に見えることがあります。もし人面樹公園を作るとしたら、アオギリ(P048)とイイギリ、ミズキが主力メンバーとなることでしょう。ミズキは移植が難しい木なので、不動の人面樹となります。

葉は甘い香りの貯金箱

クスノキ科
ヤブニッケイ
Cinnamomum tenuifolium

見つけやすさ ★☆☆
花の美しさ ★★☆
したたかさ ★☆☆

漢字名：藪肉桂

別名：マツラニッケイ、クスタブ、クロダモ

類似種：ニッケイ、シロダモ、クスノキ

広葉樹／常緑樹／高木／雌雄同株・同花

英名：Japanese cinnamon

花期：6～7月

果実期：11～12月

おもな植栽地・生息地：公園、里山

原産地：日本

自生地、人為的分布：福島県以南～沖縄

おもな用途：材は建築、器具に。種は香油用

ニッケイの葉っぱ蒸しパン

ヤブニッケイのビミョーなコクサギ型葉序

青黒く熟す実

小さな黄緑の花

木をおぼえる短歌

良い香り　大事に使う丈夫な葉　三行脈のシナモンニッケイ

ヤブニッケイは、福島から南は沖縄まで分布するクスノキ科の木です。葉はクスノキ（P084）と同じく葉脈が三つに分かれ、ちぎると良い香りがします。二つ交互に並ぶコクサギ型葉序ですが、厳密ではありません。実は黒く熟し、種から香油がとれます。

ヤブニッケイに似ているニッケイは中国南部、インドシナ原産の木です。シナモンといった方が分かりやすいと思います。根の皮がシナモンスティックになります。紅茶やお菓子、カレーなどに使われます。葉の上にホットケーキミックスの生地を乗せて蒸すと、シナモンの香りの蒸しパンが作れます。他にも発熱、頭痛薬、健胃剤としても利用されていました。

ニッケイは暖かい地方でよく植えられています。思ったより大きくなるのか、強剪定された数年後、枯れているのを見かけます。ニッケイだけでなくすべての常緑樹にいえることですが、常緑樹にとって葉は、光合成工場であると共に貯蓄をする場所でもあります。しかも常緑樹は、落葉樹より多くの葉をつけて運営しています。大きく切られると大事な貯蓄がなくなり、ダメージが大きいように思います。常緑樹は一枚の葉を一年～数年かけて使います。コストをかけた丈夫な葉なので、手軽に新葉を出せないのだと思います。

ヤブニッケイはニッケイより香りが劣るとされていますが、寒い日本ではヤブニッケイが生き生きしており、葉っぱのお財布事情は、ヤブニッケイの方が裕福に見えます。

火事場のユーカリ

フトモモ科

ユーカリ

Eucalyptus sp.

見つけやすさ
花の美しさ
したたかさ

漢字名：按樹

別名：なし

類似種：なし

広葉樹／常緑樹／高木／雌雄同株・同花

英名：Eucalyptus

花期：不定（原産地では雨期後など）

果実期：不定

おもな植栽地・生息地：公園、住宅、学校

原産地：オーストラリア

人為的分布：東北～沖縄

おもな用途：葉は薬用。材はパルプ原料に。精油は香料や薬用などに

低い位置で仕立てる。いくらか枝は枯れる

丸い葉から細長い葉に変化するものもある

鈴のような実から微細な種が出る

花

木をおぼえる短歌

幼い葉丸く対生のち互生　鈴から種出すユーカリの木

ユーカリはオーストラリア原産、コアラが葉を食べることで有名です。ユーカリからは精油がとれ、アロマテラピー、虫よけなど様々に利用されます。ユーカリの仲間は六〇〇種ぐらいあり、ユーカリというのは総称です。砂漠の緑化に使われるユーカリは根を深く張り、乾燥に強い種類ですが、日本には湿潤を好むユーカリが植えられているようです。

オーストラリアでは、ユーカリ林の出すテルペンが引火を誘い、山火事を起こしています。火事あっての種散布と発芽なのです。種は鈴のような実から、小さい粉末のような種が出てきます。

葉はどちらが表か裏かよくわからない作りで、若い時は葉が丸く対生で、大きくなると細い葉で互生になったりします。一本の木で下枝は丸い葉、上枝は細長い葉とまるで形が違う葉がつくこともあり、戸惑います。成長が早く幹は太くなるので、樹皮が大きく剥がれます。樹皮が剥がれることで、幹を火事から守るようです。葉だけでなく、緑っぽい幹も光合成をして働いています。大食漢を養うために、身体総動員で光合成をしなければなりません。あまりに大きくなるのでよく強剪定されますが、ユーカリは強剪定に弱く、枯れることもあります。移植も難しい木です。

寒い地方では大きく育たず、毎年上部が枯れるので草のようになります。庭で育てるなら若い時に根際で切る萌芽更新か、早期に低く仕立てて付き合うのが良いかもしれません。

呼吸する根で、沼で日光浴

ヒノキ科

ラクウショウ

Taxodium distichum

見つけやすさ ●●○
花の美しさ ●○○
したたかさ ●○○

漢字名：落羽松

別名：ヌマスギ

類似種：メタセコイア、センペルセコイア

針葉樹／落葉樹／高木／雌雄同株・異花

英名：Bald cypress

花期：4月

果実期：10～11月

おもな植栽地・生息地：公園

原産地：北米東南部、メキシコ

人為的分布：北海道南部以南

おもな用途：公園樹。材は土木材などにも

葉は互生

呼吸根で酸素を運ぶ。この根を膝根ともいう

芽キャベツ大の実はばらばらになり水に浮く

雄花の花粉は風で運ばれる

木をおぼえる短歌

膝を出し芽キャベツ落とすラクウショウ
互生の葉っぱ緑の募金

ラクウショウは北アメリカ大陸原産、別名ヌマスギ。ハンノキ（P124）と同じく湿地が得意です。針葉樹なのに紅葉し、落葉するところなどメタセコイア（P088）と似ていますが、葉は互生です。幹の途中から唐突に出た葉は、緑の羽募金でもらう羽のようで、根元から呼吸根というへんてこな根を出すのも特徴です。この呼吸根を地面や水面から出し、空気を取り入れます。以前、ラクウショウの根を調べたとき、掘ると水がしみ出てくる過湿な泥でしたが、約一m下の根の周りの土が赤くなっていました。赤くなった土は酸化鉄の色で、根は土の下までちゃんと酸素を送っていた証拠です。普通こんな過湿な泥の下に酸素があるわけがないので感動しました。考えてみれば池は光が存分に浴びられるのに、木は全く生えていません。ラクウショウはそこに目をつけて、呼吸根を使い競争することなく生き残ってきたのです。原産地のアメリカでは呼吸根を数m伸ばします。この呼吸根は土が固い場所では出せないようで、コンクリートの隙間や杭の下、ベンチの下など、土が柔らかい場所を探しているようです。もともと良い土では呼吸根を出す必要がないので、あまり出ていません。

芽キャベツのような実は、熟して茶色くなるとばらばらに落ち、水に浮き運ばれます。池の縁に小さな芽生えを見つけたと思うと、あっという間に大きくなり、驚異の成長を見せます。

農作業のリマインドフラワー

モクレン科

コブシ

Magnolia kobus

見つけやすさ
花の美しさ
したたかさ

漢字名：辛夷

別名：ヤマアララギ、コブシハジカミ、田打ち桜

類似種：ハクモクレン、タムシバ

広葉樹／落葉樹／高木／雌雄同株・同花

英名：Kobushi magnolia

花期：3〜4月

果実期：9〜10月

おもな植栽地・生息地：住宅、公園、街路、里山

原産地：日本、済州島

自生地、人為的分布：北海道〜九州

おもな用途：観賞用。材は建築、家具、器具、楽器に

コブシネイル

花芽着替え中

実が拳を握っているような形だといわれる

花にはオマケの葉が一枚

木をおぼえる短歌

白い花オマケの葉っぱ太古から　花芽柔らかコブシ握る実

モクレン科の花芽は毛があるものが多いですが、微妙に手触りが違います。コブシの方がハクモクレンより柔らかい感じがします。この毛皮の花芽カバーは、ひと冬で二〜三回脱ぎ捨てられ、新しい方が手触りは良いです。花芽カバーを拾って指先につけると、毛深いネイル遊びができますが、うちの娘はすでに良識があり、付き合ってくれません。

花は小さな葉っぱをオマケにつけて咲きます。似たハクモクレンやタムシバには葉のオマケがつかず、見分ける手がかりです。花の香りは良いですが、花弁の匂いはほんのりゴム臭。一面に落ちた花弁から、ゴムの匂いが漂い笑ってしまいます。実が拳のような形をしているから、コブシとなったのですが、受粉した所だけ赤い実がなり、でこぼこで変な形です。落ちて泥まみれの実を踏んだ時には、うんこ踏んだかとあせります。

コブシは北海道、本州、九州に分布し、「田打ち桜」とも呼ばれます。田んぼに鍬《くわ》を入れる春が来ましたよ、と知らせる花でもあります。コブシは里山で春一番に咲くので、地域によっては芋の植え付けなど、農作業の目安になっています。

コブシによく似たコブシモドキという徳島県固有種が一九八四年に一株だけ発見され、今は野生絶滅になっています。三倍体で種ができないこと、四国にコブシは自生してないのにどうやって生まれたのか謎のコブシです。現在は挿し木などで増やされ栽培されています。

COLUMN ③

木の根はどのくらい伸びている？

根はどのくらいの範囲に伸びているのでしょう？　枝と同じ範囲まで？　実際は、枝以上に根は伸びています。木は硬い土には根を伸ばすことができないので、土の割れ目や柔らかい場所を探して根を伸ばしています。

根の下の方には支持根、表層には吸収根があると教科書には載っていますが、実際にはいろいろです。上層の土が硬い場所では、一m下に吸収根がぎっしりあったこともありました。

根の深さは、広がりに比べるとそんなに深くはなく、ツンドラ地方など寒い所ほど浅く、砂漠の乾燥地帯であるほど深くなります。温帯では針葉樹が最大三・九m、広葉樹が最大二・九m、世界で一番深い根はボツワナにある木で、高さ一〇mほどの木なのに六八mも根を伸ばしていたそうです。根は水がなければ伸びませんが、乾燥もなければ伸びる必要がなく、発達しません。水と酸素、乾燥の刺激が根を育てます。

山で掘ってきた木が根付かないのは、山の木は広範囲に根を広げていて掘り取った根鉢内に水を吸う細根がほとんどないからです。苗木は初めから根鉢内に根を発達させるので、小さな根鉢でも根付きます。

根は呼吸している

植物は水さえやっていれば育つと思われがちですが、酸素が含まれない水では根は腐ってしまいます。根は水の中の酸素を吸収し、呼吸をしているのです。

鉢植えの水やりは、表面が乾いたら鉢の下から水が出るまで水をやると、古い空気が押し出され、新しい空気が入ります。空気の入れ替えだと意識するとうまくいくと思います。

穴のない容器に植えるのと、受け皿に水をためたままにするのは、どちらも根が呼吸できず、根腐れを起こしやすくなります。

少量の水を頻繁にやるのも、土の中の空気が入れ替えられず、表層の根ばかりになり、下の根は死んでしまいます。

第4章 寺社でよく見かける木

寺社には、仏教や神道に関係の深い木や、大木になる木、縁起が良いとされる木などが植えられています。インドの「お釈迦様が○○した時の木」は、日本では寒くて植えても枯れてしまうので、似たような木に代役になってもらいがち。縁起が良いというのも結構ダジャレが多いように思います。

なにかとマスコミな木

ヒノキ科

スギ

Cryptomeria japonica

見つけやすさ
花の美しさ
したたかさ

漢字名:杉

別名:なし

類似種:ヒムロ、ヒノキ、サワラ

針葉樹/常緑樹/高木/雌雄同株・異花

英名:Japanese cedar

花期:2〜4月

果実期:10〜12月

おもな植栽地・生息地:寺社、公園、街路

原産地:日本

自生地:本州〜屋久島

人為的分布:北海道南部以南

おもな用途:材や樹皮は建築用。葉は線香に

新酒ができたと知らせる杉玉

ウラスギの葉は雪を落とすため閉じている

球果から種が飛ぶ

雄花の花粉で花粉症になる

木をおぼえる短歌

花粉症嫌われ者のスギだけど　雨大好きでまっすぐが好き

一時期スギが酸性雨で枯れたなどと言われていましたが、現在、スギが枯れたのは乾燥が原因ではないかといわれています。縄文杉の屋久島は雨が多く、雨がスギを育てます。根元を踏み固められている土では、雨が降っても浸み込まず土は乾燥ぎみです。明治神宮は最初スギを植える計画でしたが、大気汚染に弱いという理由でシイ・カシ類に変更されました。しかし実際は大気汚染に弱くもないようです。被害は大きく報道されますが、訂正は大きく出ないので、未だに近所の植木屋さんは「排気ガスと酸性雨で木が枯れる」と言います。

日本中にスギを植えたのに国産材はあまり使われず、その上スギ林に棲む生き物は限られていて生態系は大きく変わってしまいました。さらに花粉が毎年大量に飛び、花粉症でスギのイメージは落ちています。そんなスギですが、もともと神聖な木で、神社仏閣では特別な木です。お酒とスギも関係深く、お酒の麹は杉材の麹蓋、仕込みは杉の樽を使い、お酒が出来上がると杉の葉で杉玉を飾り、新酒ができたことを知らせます。なによりスギは加工しやすい優良材です。

日本海側のスギの葉は閉じていてウラスギと呼ばれ、太平洋側の葉は開いておりオモテスギと呼ばれます。雪の重さで枝が折れないように、ウラスギは雪が落ちやすい形なのです。

スギの枯れ葉を焚き火にくべると一瞬で燃え尽き、子どもの頃、その一瞬がとても面白かったことを今も覚えています。

ヒノキ風呂でイメージはよい

ヒノキ科

ヒノキ

Chamaecyparis obtusa

見つけやすさ
花の美しさ
したたかさ

漢字名：檜

別名：なし

類似種：サワラ、ニオイヒバ、コノテガシワ

針葉樹／常緑樹／高木／雌雄同株・異花

英名：Japanese cypress

花期：3〜5月

果実期：10〜11月

おもな植栽地・生息地：寺社、公園

原産地：日本

自生地：福島県以南〜九州

人為的分布：北海道中部以南

おもな用途：材・樹皮は建築用

樹皮は水をはじき、檜皮葺の屋根に使う

葉裏の拡大。気孔のY字が見える

「會」に見える球果

雄花の花粉で花粉症になる

木をおぼえる短歌

人見知りフィトンチッドで虫来ない　葉裏にYのヒワイなヒノキ

ヒノキの材は良い香りがして、ヒノキ風呂は最高です。針葉樹のさわやかな香りは虫を寄せ付けず、昆虫観察には向いていません。針葉樹などが出す化学物質は殺菌効果があり、フィトンチッドと呼ばれています。森林の民族ではないイヌイットの人たちはこれで頭が痛くなるようです。日本人が森林浴でリラックスできるのは、気が遠くなるほど長い期間、森林と関わってきたからだと思います。

ヒノキの葉の裏には白い気孔があり、形がYならヒノキ、H（またはX）ならサワラと見分けます。おっさんたちは嬉しそうに「ヒワイなヒノキ、サワラないでエッチと覚えろ」と言うので、不覚にも覚えてしまいました。下ネタの力は侮れません。

ヒノキの葉っぱは鱗《うろこ》のようで、春にブロックを積むように新葉を伸ばします。まるい球果の中に小さな飛ぶ種が入っていて、晴れた日に口がひらいて飛んでいきます。球果の割れ目が「檜」の「會」に似ているものがあります。

ヒノキの樹皮は水をよくはじくので、屋根に利用され檜皮葺と呼ばれます。今でもお寺の門などで見かけます。

ヒノキは日陰になって枯れた下枝をなかなか落とさないので、枝から病気がよく入ります。節の無い材をとるための枝打ちをしなくなったので、病気が入りやすくなったのではないかともいわれています。木材をとらない木ならば、元気な下枝は木がバランスをとるために残し、枯れ枝だけ切りましょう。

はじめ急いで、あとはのんびり

イチイ科

カヤ

Torreya nucifera

見つけやすさ
花の美しさ
したたかさ

漢字名：榧

別名：ホンガヤ

類似種：イヌガヤ

針葉樹／常緑樹／高木／雌雄異株

英　名：Japanese torreya, Japanese nutmeg-yew

花期：4〜5月

果実期：9〜10月

おもな植栽地・生息地：寺社、公園

原産地：日本

自生地、人為的分布：宮城県以南〜九州

おもな用途：材は碁盤、工芸品に。種は食用。かつて種の油は食用、灯火用に

カヤの碁盤

中の種は渋みの強いものもある

若い実

尖った葉はグレープフルーツの匂い

木をおぼえる短歌

カヤの葉を嗅いで鼻刺すフルーティー
高級碁盤　実も味わえる

カヤは東北から九州に分布し、カヤの碁盤は高級品です。日陰に耐えることができ、小さい芽生えを林床に見ます。小さい時に光が当たるチャンスがあれば早く大きく伸びますが、大きくなってからはゆっくり成長します。枝は三叉で伸びます。葉をちぎるとグレープフルーツのような香りがして、とってもフルーティー。でも葉先が鋭く尖っていて痛く、葉をちぎるのは甘くありません。トゲは動物に食べられないように装備しているのです。似ているイヌガヤの葉は全然痛くなく、実の外種皮は甘味がありますが、おいしくはありません。

カヤは雌雄別々の木で、雌木に緑の丸い実がなります。緑のまま地面に落ちて、中からアーモンドのような種が出てきます。種の緑の分厚い皮は、葉より香りが強烈で、落ちていることがすぐにわかります。種は渋抜きして炒って食べます。かつては種からしぼった油を食用にしたり、髪につけたりしました。一年間健康に過ごせるようにと、お正月の祝い物でもあったようです。そのためカヤは寺社に多く植えられるのだと思います。

以前、土壌調査をした際、カヤの香りのする太い根が枝張りより随分遠くまで伸びていました。木は想像以上に広く根を張ります。また、頻繁に剪定される太いカヤがあり、一〇年以上頑張っていましたが枯れてしまいました。成長の遅いカヤにとって、剪定はきつい取り立てで、返済不能となることもあります。

蜜たんまりの美しい花　チャドクガつき

ツバキ科

ツバキ（ヤブツバキ）

Camellia japonica

見つけやすさ
花の美しさ
したたかさ

漢字名：椿、海石榴

別名：ヤブツバキ、ヤマツバキ

類似種：サザンカ

広葉樹／常緑樹／高木／雌雄同株・同花

英名：Camellia

花期：12～3月

果実期：9～11月

おもな植栽地・生息地：寺社、公園、住宅

原産地：日本

自生地：本州～沖縄

人為的分布：北海道南部以南

おもな用途：花は観賞用。材は印鑑、木炭、木灰に。種の油は食用、整髪料、燃料に

ツバキもち病にかかったふくらんだ葉

ツバキの芽と葉痕

実は毛が無くつやつやしている

蜜がしたたり落ちている花

木をおぼえる短歌

チャドクガが好むつや葉は雨落とす
赤と蜜で鳥を呼ぶツバキ

ツバキは本州から沖縄まで分布し、花が美しく人気があります。ヤブツバキと近縁のユキツバキ、それらをもとに作られた品種は数多く、オトメツバキやワビスケ、葉が金魚の尾のように切れ目が入っているキンギョツバキというのもあります。種からは椿油が取れ、高級食用油となったり、髪につけたりします。

ツバキが赤いのは鳥に受粉してもらうためで、お礼の蜜は多く、花から垂れ落ちています。この蜜はメジロやヒヨドリが舐めにきます。あとツバキといえば、葉を食べるチャドクガです。チャドクガの毛に触れるとかぶれて苦しみます。サザンカ、チャノキ、ナツツバキなどツバキの仲間しか食べません。毛虫も忙しいので気まぐれに人を襲うことなんてありません。毛虫にビビりすぎて薬をまくことの方が健康に悪く、チャドクガがまだ小さく一カ所に集まっている時に葉ごと袋に入れるのが一番簡単です。チャドクガも見境なく食べているわけではなく、元気がない木に来るのです。あまり剪定されていない、光が程よく得られ元気な木ではほとんど見ません。

梅雨時にツバキの葉が白く膨らんでいるのはツバキもち病菌の仕業で、菌が植物ホルモンを出して、葉が異常に膨らんでしまうのですが、この病気で枯れることはありません。もち病の葉を食べる人もいるようで、スターフルーツ味だそうです。ツバキの成長は遅く、何百年も生きる木です。今はツバキの大木はほとんどなく、材は貴重になっています。

森でジョジョ立ち根暗な木

ブナ科

スダジイ

Castanopsis sieboldii

見つけやすさ ★★☆
花の美しさ ★☆☆
したたかさ ★☆☆

漢字名：すだ椎

別名：シイ、イタジイ、ナガジイ

類似種：ツブラジイ

広葉樹／常緑樹／高木／雌雄同株・異花

英名：Japanese chinquapin

花期：5〜6月

果実期：10〜11月

おもな植栽地・生息地：寺社、公園、住宅

原産地：日本、朝鮮半島

自生地：福島・新潟県以西〜九州

人為的分布：東北以南

おもな用途：実は食用。材は木炭やシイタケのほだ木に。樹皮は染料に

シイの実を炒って食べるとおいしい

若い実

葉裏は光沢がある

匂いのある雄花は、虫たちへのアピール

木をおぼえる短歌

暗いけどキラッと光る葉のうしろ　虫が媒介うまいスダジイ

スダジイの雄花はコナラの花のようにぶら下がり、風に花粉を運んでもらう風媒花と誤解しがちですが、こう見えて虫が花粉を運ぶ虫媒花です。スダジイの雄花は虫を呼ぶために独特の匂いを出します。我々が見たら地味な花ですが、集まると結構目立ちます。受粉された実は、ドングリの中では一番おいしいといわれます。

スダジイの木の下は暗く、ほとんど草が生えません。他の常緑樹と比べても木陰が格段に暗いと感じます。スダジイの隣にマツが植えられており、スダジイに接するマツの枝は光が少なく枯れていました。マツは陽樹でスダジイは日陰に耐えるので、マツはスダジイを追い抜かないとお先真っ暗なのです。スダジイ自身の芽生えでさえ木の下では枯れるほどの暗さなので、実は遠くに運んでもらう必要があり、カケスなどの鳥が運ぶようです。

樹木調査で枝の長さを測っていたら、スダジイの枝の伸ばし方はとても個性的でした。森の中の光が差し込む隙間にまっしぐらに枝を伸ばしているのです。それはバランスなどは全く考えず、かなり無理のある枝ぶりで、まるでマンガの「ジョジョ立ち」のようなポーズです。日陰でも我慢できるくせにどん欲に枝を伸ばす姿は、嫌いじゃないです。木の周辺には菌根菌のベニタケの仲間などが出て、スダジイの成長を助けています。人もシイの実を拾いに集まり、根元は暗いけど、生き物たちと支えあう魅力のある木なのです。

名前なんてどうだっていいんですよ

センダン科
センダン
Melia azedarach

見つけやすさ ●○○
花の美しさ ●●●
したたかさ ●●○

漢字名：楝檀

別名：オウチ、アウチ、アミノキ

類似種：シマトネリコ

広葉樹／落葉樹／高木／雌雄同株・同花

英名：Chinaberry

花期：5〜6月

果実期：10〜12月

おもな植栽地・生息地：寺社、街路、住宅

原産地：日本、アジアの亜熱帯

自生地：四国、九州、沖縄

人為的分布：東北南部以南

おもな用途：実は薬用。葉は除虫用

冬芽は悪そうな顔をしている

この中に黒い種が約5個入っている

若い実

薄紫の清楚な花

木をおぼえる短歌

獄門と呼ばれた過去を「うんうん」と
羽状複葉繰り返すセンダン

センダンには暗い過去があります。源平の時代にさかのぼりますが、罪人の首をかけた木だったので「獄門の木」と嫌われていたそうです。たまたま門の脇に立っていただけで？　首なんてかけられたセンダンの方がよっぽど気の毒。全般に植物の呼び名は、少しイジメが入る気がします。

「栴檀は双葉より芳し」という諺も、このセンダンではなく、香木の白檀《びゃくだん》のことをいっています。白檀は発芽の時から香り高い、大成する人は幼い時から優れているという意味です。もともと栴檀は白檀の中国名のようで、間違いを継承するのはややこしいです。ただ白檀は半寄生植物で、やっぱり周りの助けあっての大成なのかなと思います。結局センダンたる所以は間違いからなのか？　わからずじまいです。

センダンは四国、九州、沖縄に自生する暖かい地域の木です。センダンの葉は、羽状複葉を二、三回繰り返します。梅雨前に清楚で美しい薄い紫色の花が咲き、秋に薄い黄色の実がぶら下がります。九州に行った時、鳥たちが止まる電線の下にセンダンの種がどっさり落ちていました。センダンにとって、鳥は最高のパートナーです。電柱の下など、糞が落ちる場所に何食わぬ顔で伸びています。

実はひび・あかぎれなどの薬としてや、数珠などにも使われていたので、お寺に植えられます。最近は、インフルエンザウイルスの薬として研究されているようです。

縁結びを期待されるが、寒がり

マキ科

ナギ

Nageia nagi

見つけやすさ ★☆☆
花の美しさ ★☆☆
したたかさ ★☆☆

漢字名：梛、竹柏

別名：コゾウナカセ、チカラシバ、ナツノキほか

類似種：モチノキ、イヌマキ、オリーブ

針葉樹／常緑樹／高木／雌雄異株

英名：Nagi

花期：5〜6月

果実期：9〜11月

おもな植栽地・生息地：寺社、街路、住宅

原産地：日本、台湾

自生地：紀伊半島・山口県〜沖縄

人為的分布：東北南部以南

おもな用途：神木。材は家具や建材などに

ナギの代役のモチノキ

落ちていた実

粉をふいているような実

雄花

木をおぼえる短歌

破れにくいナギの別名チカラシバ　寒さに弱くまだらにむける

ナギは針葉樹の仲間ですが、広い葉を持ちあまり針葉樹っぽくありません。

ナギはご神木とされていて、縁結びなどのご利益があると、雄雌植えられています。「恋つナギ」を期待されているのです。葉がちぎれにくいということで、チカラシバとも呼ばれますが、見た目丈夫そうですが、そうでもないです。溺れたときに藁にもすがるように、昔も今も異性の心をつなぎとめるためにナギにもすがったのでしょう。このように期待されてはいるものの、関東ではあまり元気がなく、疲れたナギをよく見ます。もともと南方の木なので、寒いのと、踏まれて乾燥している土は苦手なのだと思います。ごく普通の南国の人が北で「ステキ」と神格化され人気者になるのだけど、やっぱり普通の人なので、困っているように見えてしまいます。ナギの代役としてモチノキを植える神社もあるようですが、モチノキのよれよれの葉をアイロンで伸ばしてあげれば似ているような気もします。モチノキにも「仲を取りモチ」、頑張って欲しいものです。

ナギの実は白い粉を被るオリーブ色で、秋に熟します。種の油は、神社の灯火に使われたようです。幹は紫がかった褐色で、まだらにむけます。材は堅く耐久性もあり、皮がついたまま床柱にされます。

春日神社のナギの純林は、一〇〇〇年以上前に人が植えたもののようで、国の天然記念物になっています。

悟りを開いた木の代役で入りました

シナノキ科

ボダイジュ

Tilia miqueliana

見つけやすさ
花の美しさ
したたかさ

漢字名：菩提樹

別名：なし

類似種：シナノキ、セイヨウシナノキ、オオバボダイジュほか

広葉樹／落葉樹／高木／雌雄同株・同花

英名：Linden

花期：6月

果実期：8～11月

おもな植栽地・生息地：寺社、街路

原産地：中国

人為的分布：北海道～九州

おもな用途：実は数珠に。花は薬用

のっぺらぼうのオオバボダイジュの冬芽

ふわふわの葉が芽吹く

タケコプターつきの実

花

木をおぼえる短歌

お釈迦様悟り開いた木と似てた
ふわふわ新葉　実タケコプター

お釈迦様が悟りを開いたという木は、クワ科のインドボダイジュで、それに葉が似ているので ボダイジュとなりました。中国原産の木です。

米粒のような冬芽から、ふわふわの葉が展開し、ありがたく触らせてもらいます。葉先にしっぽのように伸びているのを友人は「にょろり」と呼びます。実はタケコプターのような苞にぶら下がり、風で運ばれます。

あるお寺のボダイジュが空洞になり折れてしまい、その後ひこばえが伸びて急激に大きくなっていました。地元の人が「これは三代目だよ」と教えてくれました。腐って折れたり、切られて、下からひこばえが伸びて三回目。輪廻転生です。たぶん剪定には弱く、腐りやすいほうだと思います。


葉が似ている木はたくさんあり、日本のシナノキ、オオバボダイジュ、ヨーロッパ原産のナツボダイジュ、フユボダイジュ、セイヨウシナノキなど、ボダイジュの代役が控えています。シナノキは長野に多かったようで、そこから信濃になったそうです。樹皮は丈夫で、ロープや布に、材はシナベニヤや製図板などに利用されています。

セイヨウシナノキはドイツ語でリンデンバウムと呼ばれ、シューベルトの曲もあります。セイヨウシナノキは自由の象徴で、ベルリンのリンデン並木が有名です。花や葉をハーブティー、樹皮は薬用、花からは蜜が取れます。

世界では同じような形の葉の木が、同じように称えられ、愛されているようです。

小悪魔的な侵略者

サクラソウ科

マンリョウ

Ardisia crenata

見つけやすさ ●●●
花の美しさ ●●○
したたかさ ●●●

漢字名：万両

別名：なし

類似種：カラタチバナ、センリョウ

広葉樹／常緑樹／低木／雌雄同株・同花

英名：Coral bush

花期：7～8月

果実期：11～4月

おもな植栽地・生息地：寺社、公園、住宅、学校

原産地：東アジア～インド

自生地：関東地方以西～沖縄

人為的分布：東北南部以南

おもな用途：観賞用。

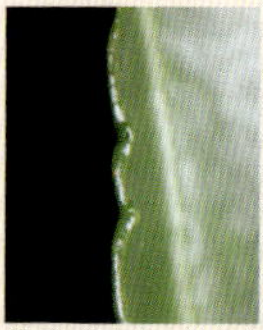

葉のふちの丸い粒の中に葉粒菌が共生する

赤い実。葉粒菌は花から種へ受け継がれる

そばかすだらけの花。

つぼみにもそばかすがある

木をおぼえる短歌

江戸時代マンリョウ赤い実大ブーム
葉の細菌とフロリダ暮らし

江戸時代の植物ブームで、万両出す価値があると鑑賞用で流通していた人気植物。センリョウ（千両）、カラタチバナ（百両）、ヤブコウジ（十両）、アリドオシ（一両）と続きます。「千両万両有り通し」とセットで植えると縁起が良いとされています。

マンリョウは関東から沖縄に分布し、夏にそばかすだらけの白い花が咲き、冬に赤い実がなります。幹が太くなる木ではなく、数年で新しい枝に更新します。以前都内で植生の調査をしたら、マンリョウが多くて驚きました。植え込みから出ていたり、林床のいたるところに生えています。赤い実を鳥が食べて散布し増えたのですが、見かけが小さくてかわいいから、いわゆる「小悪魔的」に気づかない間にずいずい入り込んできます。アメリカへもその魅力で持ち込まれたのですが、現地で増えすぎて侵略的外来植物となっています。

マンリョウの葉には根粒菌ならぬ、葉粒菌という細菌の助っ人がいて、窒素固定をやってもらう代わりに糖を差し出す共生をしています。おかげで移植や挿し木も容易で、疲れたマンリョウはあまり見ません。日本では病害虫がマンリョウの大発生を阻むので問題になっていませんが、天敵のいないアメリカのフロリダでは、細菌との最強のタッグで大暴れして困ったことになっているという訳です。やはり「そのぐらいにしときな」と抑えてくれる、その地でずっと共に暮らす病害虫は重要なパートナーでもあると思います。

ムクロジは共同洗い場

ムクロジ科

ムクロジ

Sapindus mukorossi

見つけやすさ
花の美しさ
したたかさ

漢字名：無患子

別名：なし

類似種：ハゼノキ、ヤマハゼ、キハダ

広葉樹／落葉樹／高木／雌雄同株・異花

英名：Indian soapberry

花期：6月

果実期：10～12月

おもな植栽地・生息地：寺社、公園、住宅

原産地：日本、中国、台湾、インド、ネパール

自生地：新潟・茨城県以西～沖縄

人為的分布：東北南部以南

おもな用途：果皮は石鹸に。種は羽根突きの羽根の玉や数珠に

実の殻で作ったムクロジイルミネーション

実の殻は石鹸に、黒い種は羽根突きの羽根の玉

冬芽

ムクロジの雄花のアップ

木をおぼえる短歌

葉は羽状　実は羽根突きや洗い物
井戸端会議の場所はムクロジ

ムクロジの実の皮は黄色く透けて、中に黒い大きな種が入っています。羽根突きの羽根の玉にはその黒い種が使われます。羽子板が魔除けになるのは無患子《むくろじ》が「子が患わ無い」からだといわれます。ほかにも名の由来があり、実が薬用になり患わない種子だからだとか、モクレンジの言い間違いだとか諸説あります。この黒い種の中身は食べられます。以前、炒ってからトンカチで割ろうとすると、少し弾力もあるのと堅いのとで、なかなか割れず大変でした。味は美味なナッツでした。実の皮は、昔は洗剤の代用として使われていて、皮のかけらと水を手に取るとよく泡立ちます。洗剤代わりの実はほかにサイカチやエゴノキ（P110）などがあり、洗い物をする水場に植えられたそうです。今、ムクロジが生えている場所は、昔の人たちがおしゃべりしながら洗い物をしていた場所かもしれません。

実の皮はレトロなガラスのようで、黒い種を取り出して、電球を差し込むとランプのような光が楽しめます。たくさんのLED電球にこの皮をかぶせて、ムクロジイルミネーションを作ったこともあります。

ムクロジの葉は、あまりない偶数羽状複葉ですが、奇数羽状複葉の葉もたまにあります。ムクロジの小葉は微妙にずれていて、ずれが大きくなると奇数になるようです。葉を見たかぎり、あまり几帳面なタイプではなさそうです。幹は部分的にコルクが作られ、まだらに剥がれた模様が雲のようです。

すぐに譲るか1年待って譲るか

ユズリハ科

ユズリハ

Daphniphyllum macropodum

見つけやすさ ●●○
花の美しさ ●○○
したたかさ ●●○

漢字名：譲葉、楪、交譲木

別名：ユズルハ

類似種：ヒメユズリハ、タブノキ、マテバシイ、セイヨウシャクナゲほか

広葉樹／常緑樹／高木／雌雄異株

英名：Yuzuri-ha, False daphne

花期：5〜6月

果実期：11〜12月

おもな植栽地・生息地：寺社、公園、住宅

原産地：日本

自生地：東北地方南部以南〜沖縄

人為的分布：東北以南

おもな用途：正月の飾りに

葉痕は笑顔だが、目が笑ってないこともある

実は鳥がはこぶ

和菓子のような雌花

モップのような雄花

木をおぼえる短歌

ユズリハが譲ったあとの葉痕は　笑顔あふれる円満家族

ユズリハは春に新しい葉が出ると、後を譲るように葉を落とすので、子どもに家督を譲ることにたとえられます。家が続く縁起の良い木とされ、正月の飾りに使われます。

葉は枝先に集まってつき、葉にギザギザはなく、裏は白っぽく、柄は赤いことが多いです。雌雄異株で春にガクもないモップのような雄花と、緑の和菓子に赤紫の寒天で作ったような柱頭がのる雌花が咲きます。秋に黒い実がなり鳥が食べ運びます。東北南部から沖縄まで分布し、西日本に多い木ですが、今は関東の緑地でも増えているように思います。

ユズリハは普通二年で葉を譲ります。新人がいきなり任されるのではなく、引継ぎ期間の一年がちゃんとあります。新葉が出たら、二年たった葉が落葉します。枝の節を数えると何年前の葉かがわかり、たまに三年退職もいます。落葉した後の維管束痕が笑い顔のようで、円満退職したというわけです。しかし元気のない木は一年で葉が落ちてしまい、引継ぎ期間がないものもあります。特に乾燥に弱いようで、葉をつけていられないのかもしれません。根を切られた場合も元気がなくなります。笑顔の葉痕がたくさん見られるほど皮肉にも葉がたくさん落ちていて、元気がないということになります。つらすぎる時には笑うしかないですもんね。

ユズリハの葉や樹皮には毒があり、家畜が中毒する例もあるようです。せっかく譲る葉を、譲る前に食べられたら困るんですね。

ガス騒動の原因

モッコク科（サカキ科、ペンタフィラクス科）

ヒサカキ

Eurya japonica

見つけやすさ
花の美しさ
したたかさ

漢字名：姫榊

別名：イチサカキ、ヒサギ、ビシャコほか

類似種：サカキ、マサキ、シャシャンボ、サザンカ

広葉樹／常緑樹／小高木／雌雄異株または同株・異花・同花

英名：Japanese eurya

花期：3〜4月

果実期：9〜11月

おもな植栽地・生息地：寺社、公園、住宅、里山

原産地：日本

自生地：東北中部以南

人為的分布：本州〜沖縄

おもな用途：玉串やお供えとして

ヒサカキの玉串

鳥にアピールする黒い実

雄花。塩ラーメンの匂い

つぼみ

木をおぼえる短歌

塩ラーメンガス臭いのはヒサカキの
オスメス共に花にほひける

ヒサカキは、青森県以南から沖縄まで分布し、林の中で普通に見られる低木です。神道の玉串や、お墓にお供えするのに使われます。これらには本来、サカキが使われますが、サカキが手に入らない地域では代用として利用され、便宜的にも庭に植えられます。

春にどこからか塩ラーメンの匂いがしてきたら、ヒサカキの花です。花の匂いは特有で、「ガス臭い」と通報されたこともあるようです。生垣のようにたくさん植栽されている公園では、その匂いでだんだん気持ち悪くなってしまいます。花は雄花と雌花、両性花があるようです。小さな花が並んで下に向き咲きます。雌雄異株といわれていますが、本当のところはまだわからないようです。

この強烈な花の匂いで虫を呼び、受粉してもらい、黒い実をつけます。その実は鳥に食べてもらって運ばれます。葉はサザンカに似ていますが、毛がなくつるつるです。

私が子どもの頃、ヒサカキは剪定が止まらなくなった相手です。お手伝いでヒサカキを切り始めたら面白くなり、かわいそうなぐらい切ってしまいました。枝葉がすぱっと切れるのが心地よく、クセになるような止められない魔力があるのです。植木屋さんも、剪定していると木の限界まで挑戦したくなるのだそうで、その気持ちもわからないでもないのですが、葉で栄養を作っている木にとっては迷惑な話です。剪定の魔力をコントロールする努力が必要なのだと思います。

COLUMN ④

剪定こぶ

同じ場所で枝を何度も切っていると、木はどうせ傷がつくならと抗菌物質をそこに集中させ、こぶになります。これを「剪定こぶ」と呼びます。冬から春に枝を切り、春から秋には思う存分枝を伸ばして稼がせます。こぶから出た枝は、こぶを傷つけないようにこぶの際で切りましょう。切り残しの枝から腐朽します。

剪定こぶは若木のうちから作ったほうが、腐朽菌は入りにくくなります。

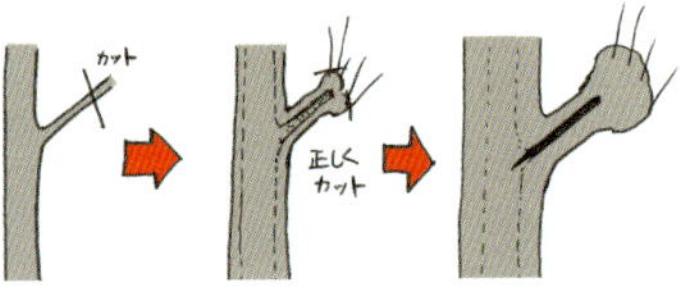

異物の食い込み

金網やパイプ、石などが食い込んでいる木があります。見かけは痛々しいのですが、それで木の元気がなくなるわけではありません。

パイプを飲み込む過程としては、まずパイプに木があたり、木が風でゆれるたびにこすれて傷がつきます。はじめはパイプを押しのけるように幹が太り、次にこすれる傷を大きくしたくないので、パイプを固定するように飲み込みはじめます。飲み込むのは思ったより早く、あっという間に取れなくなります。飲み込んでからの成長は遅く、目立った変化はありません。

異物を飲み込んだら、取れるものではありません。無理に削り取られたものもありますが、そこから腐朽してしまいます。そのまま飲み込ませたほうが木には良いし、お金もかかりません。できたらニックネームでもつけて、ご当地木《き》キャラにしてもいいかもしれません。なぜなら、食い込んだ木はみっともないと伐採されるものが多いからです。

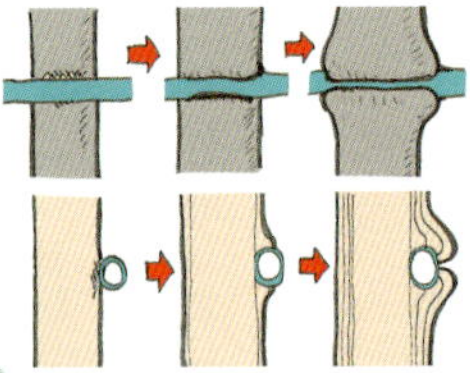

第5章 住宅街でよく見かける木

一般的な住宅の庭は限られたスペースなので、あまり大きくならない木が好まれます。縁起の良い木や果樹も人気ですが、最近は住宅がオシャレにみえるような樹種が選ばれています。

角刈りアニキの香水

モクセイ科

キンモクセイ

見つけやすさ
花の美しさ
したたかさ

Osmanthus fragrans var. aurantiacus

漢字名：金木犀

別名：なし

類似種：ギンモクセイ、ウスギモクセイ

広葉樹／常緑樹／小高木／雌雄異株

英名：Fragrant orange-colored olive

花期：9～11月

果実期：なし

おもな植栽地・生息地：住宅、公園、街路

原産地：中国

人為的分布：東北中部以南

おもな用途：庭木。公園樹。花は果実酒などに

角刈りにされたキンモクセイの「アニキ」

キンモクセイの紋様孔材

ギンモクセイの花

雄しべしかない花

木をおぼえる短歌

男だけ女のいないキンモクセイ　実の一つだになきぞ悲しき

近所に角刈りにされているキンモクセイが立っていて、旦那が「アニキ」と名付けました。秋になるとアニキからよい香りがするので「アニキー香水変えたっすか？」と話しかけます。

キンモクセイの花の香りは一時期トイレの芳香剤に使われて、「トイレの匂い」という人もいました。昔はトイレのそばに植えられたから、芳香剤の匂いに使われたようですが、アニキにはいい迷惑です。

キンモクセイには雄花が咲く雄の木しかなく、雌はいません。だからキンモクセイには実はならず、アニキはずっと独り者です。

キンモクセイは挿し木で増やされ、葉ははじめ鋸歯がありますが、大きくなるとなくなり波打ちます。樹皮は白っぽく黒いひし形マークが見えることがあります。

似ているギンモクセイとウスギモクセイは実がなります。ギンモクセイは白い花を咲かせ、キンモクセイより香りは弱いです。ウスギモクセイの花は卵色です。キンモクセイはウスギモクセイの突然変異かもしれないといわれていますが、定かではありません。

新しい葉を伸ばす春から梅雨時にかけては移植が難しく、枯れる可能性が高いといわれます。葉が出る前と葉がかたまってからは移植可能のようです。アニキもあんまり葉が少ないと花が咲かないので、角刈りをやめてロン毛もためして欲しいものです。花がたくさん咲いて、強めの香水になることでしょう。

サルはすべらず、ツルすべる

ミソハギ科

サルスベリ

Lagerstroemia indica

見つけやすさ
花の美しさ
したたかさ

漢字名：猿滑、百日紅

別名：ヒャクジッコウ

類似種：シマサルスベリ、オオバナサルスベリほか

広葉樹／落葉樹／小高木／雌雄同株・同花

英名：Crape-myrtle

花期：7〜10月

果実期：10〜12月

おもな植栽地・生息地：住宅、公園、街路

原産地：中国南部

人為的分布：北海道中南部以南

おもな用途：庭木。観賞用

剪定こぶの枝はこのように残さないほうが良い

このようにつるに巻かれるとお手上げ？

実が割れて飛ぶ種が出る

夏に咲くピンクの花

木をおぼえる短歌

猿すべるツルツル樹皮が自慢です　夏の長花中国原産

中国原産のサルスベリは、樹皮が薄くすべすべでサルが滑りそうなので猿滑と呼ばれます。子どもの頃、お寺のサルスベリによく登り、「なーんだ全然滑らないじゃん。サルも侮られたものだ」と思ったものです。樹皮が薄く剥がれる理由はつる植物に取りつかれないためでもあるようで、本来はツルスベリなのかもしれません。

一つ一つの花は数日で閉じますが、長い期間次々花が咲くので、百日紅とも呼ばれます。夏はあまり花の無い時期なので、庭や街路樹などに重宝がられます。普通の花弁は水を多く必要としますが、サルスベリの花はちじれた花弁六枚で、水を節約する形ではないかと思います。葉は、二枚ずつ交互に並ぶコクサギ型葉序で、丸っこい葉がついています。

たいてい庭木のサルスベリの枝は、コブのようにふくらんでいます。これは同じ場所で枝を切るので、木もどうせ傷を受けるならと抗菌物質を集めこぶにしているのです。これを「剪定こぶ」といいます。こぶに抗菌物質を集結させているので、このこぶを切ると枝が枯れる可能性は高いです。また、こぶは早めに作った方が腐朽しにくいです。枝を切った時点より前の材は腐りやすいので、太い枝から始めるとこぶの付け根が弱くなることがあります。大きくできない場所なら、二〜三m枝を伸ばすスペースをとり、早めに剪定こぶを作るのも手です。春から秋は枝を好きに伸ばし、毎年冬に同じ場所で切ります。

水不足が顔に出るタイプ

アジサイ科

アジサイ

Hydrangea macrophylla

見つけやすさ ★★★
花の美しさ ★★★
したたかさ ★★

漢字名：紫陽花

別名：ホンアジサイ、ハイドランジア

類似種：セイヨウアジサイ、ガクアジサイ、ヤマアジサイほか

広葉樹／落葉樹／低木／雌雄同株・同花

英名：Japanese hydrangea

花期：6～7月

果実期：実は普通ならない

おもな植栽地・生息地：住宅、公園、寺社、学校

原産地：日本（栽培品種）

人為的分布：北海道～沖縄

おもな用途：花は観賞用

白い髄を使った灯心

アジサイの冬芽

木質化した枝から出る枝に花がつく

ガクアジサイの花は終わったら伏せる

木をおぼえる短歌

生まれ日本　海外人気のアジサイは
ガクは派手だが、花はおとなし

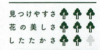

アジサイはガクアジサイが元となった日本原産の園芸植物で、外国で品種改良されたものはセイヨウアジサイと呼ばれています。ガクアジサイは、装飾花が周りにあり、中央に小さな花が集まっています（右ページ右下写真）。装飾花は、虫が来たら伏せているようです。花弁に見えるのはガクで、虫を呼ぶ飾りです。アジサイは装飾花ばかりですが、装飾の無い花も奥にひっそりと咲いています。実はなりにくいようです。

アジサイは水を欲しがる木です。真夏の乾燥時は、わかりやすく葉がしだれます。梅雨時にピンクや紫、青色に咲き、土が酸性かアルカリ性かで色が変わります。土のアルミニウムの作用により、酸性なら青、アルカリ性ならピンクになります。日本は酸性の土が多いので、青い花が多いはずですが、街ではコンクリートの影響でアルカリ土も多く、ピンクの花も見られます。普通根元から緑の枝には花がつかず、木質化した枝から出た枝に花がつきます。それで枝を切るのですが、毎年同じように丸刈りにすると、株が行き詰まってしまいます。古い枝から新しい枝に更新するように剪定すると良いと思います。

枝の中に白い髄があり、昔は灯心に使っていたそうです。試したら、絶えず芯をずらさないと火が消えるので大変でした。

あまり知られていませんが、アジサイは有毒で、料理の飾りの葉を食べた中毒例があります。決して食べてはいけません。

鳥自ら巣材栽培

ヤシ科

シュロ

Trachycarpus fortunei

見つけやすさ ●●●
花の美しさ ●○○
したたかさ ●●●

漢字名：棕櫚

別名：ワジュロ

類似種：トウジュロ

ヤシ／常緑樹／高木／雌雄異株(まれに同株)・異花

英名：Chusan palm, Windmill palm

花期：5～6月

果実期：11～12月

おもな植栽地・生息地：住宅、公園、学校、寺社

原産地：日本、中国

自生地：九州

人為的分布：東北以南

おもな用途：樹皮は縄、敷物、タワシ、ほうきなどに

鳥の巣の内側はシュロの天然繊維

若いシュロの実。これから黒紫に熟す

サンゴのような雌花

カズノコのような雄花

木をおぼえる短歌

鐘つきにタワシにシュロ縄　役に立つ
オスメス別れ葉が垂れるワジュロ

シュロはワジュロとトウジュロがあり、それらが交雑したアイジュロがあるようです。シュロは雌雄異株で、雄は大きなカズノコみたいな花、雌はサンゴのような花をつけます。春の花のシーズンはそのシュロが女か男か見分けることができます。両方の花をつけているトウジュロもたまに見かけます。花が咲く頃、両性のシュロを探してみるのも面白いですよ。

シュロは幹の繊維がタワシ、シュロ縄、ほうきなど、繊維をとった幹はそのまま鐘つき棒として利用されます。シュロだと鐘が傷まないようです。野鳥も最近巣材が乏しくて、ビニールテープなどを使っていますが、巣の内側だけは自然素材のシュロの繊維を使っています。鳥がシュロの種を運び、育った幹の繊維を巣材として使う。鳥自ら建築材料を栽培しているかのようです。おかげでシュロは都会の緑地で増えているように思います。

シュロはヤシの仲間にしては寒さに強く、福島の街路樹などにも使われています。南国の雰囲気を出すのにちょうどよい植物です。

たまにシュロが幹の途中で切られているのを見ますが、葉がある部分が無くなるとシュロは枯れてしまいます。成長点がてっぺんにあり、毎年積み重なるように幹が伸びていきます。だから、どんどん高くなります。繊維を取られた裸の幹に、部分的に細い所が見られることがあります。そこはそのシュロが移植や乾燥などで苦労した年なのです。

だいたい八ってことでいいんじゃね？

ウコギ科

ヤツデ

Fatsia japonica

見つけやすさ ●●●
花の美しさ ●●○
したたかさ ●●○

漢字名：八手

別名：テングノハウチワ

類似種：カミヤツデ、アオギリほか

広葉樹／常緑樹／低木／雌雄同株・同花

英名：Japanese aralia

花期：11～12月

果実期：4～5月

おもな植栽地・生息地：住宅、公園、街路

原産地：日本

自生地：茨城県以南の太平洋側～沖縄

人為的分布：北海道南部以南

おもな用途：庭木。葉は駆虫剤にも

ピカピカのヤツデの芽生え

黒い実は鳥が運ぶ

雄花から雌花に変身する

最初に雄花が咲く

木をおぼえる短歌

八つ手だと数えて八はめったなし　花は雄から雌に変化す

天狗のウチワのような大きなヤツデの葉。八手だから当然葉先の数は八でしょうと、数えてみたら、八はほとんどありません。七か九が多いようです。ヤツデとは八つぐらいたくさんあるというざっくりした意味のようで、平均値八ってことで納得しようと思いました。ともあれ八の葉はあまりないので、四つ葉のクローバーを探すように探してみてはいかがでしょう？　押し葉は大きすぎますが、八は末広がりだし、ヤツデは人を招くと玄関に植えられますし、八つ葉のヤツデがあればパワースポットになるかもしれません。

冬に咲くヤツデの花は、最初雄花で数日後雌花に変身します。自家受粉を避けるため、同じ花で雄しべから雌しべに交代します。ハエやハナバエがやってきて受粉し、春に黒い実がなります。黒い実は鳥が食べ運びます。街でも、側溝や湿った隙間から生えていることがあります。ヤツデの芽生えはとてもかわいく、小さな葉がピカピカしていて、私は「大きくならなきゃいいのに」と思ってしまいます。まるで子犬が大きくなるように、見る影もなくなります。庭のヤツデも放っておくと、かなり大きくなることもあるので、気にしてやってください。

日本原産のヤツデは、本州から南の海岸沿いの林床に分布します。日陰に耐え、湿った場所が好みです。最近はセイヨウキヅタと国際結婚させられ、ツタヤツデという子どもが観葉植物として売られています。

ライラックとイボタノキの主役交代劇

モクセイ科

ライラック

Syringa vulgaris

見つけやすさ
花の美しさ
したたかさ

漢字名：紫丁香花

別名：リラ、ムラサキハシドイ

類似種：ハシドイ、ナンキンハゼ

広葉樹／落葉樹／低木〜小高木／雌雄同株・同花

英名：Lilac

花期：4〜5月

果実期：8〜10月

おもな植栽地・生息地：住宅、公園、街路

原産地：ヨーロッパ南部

人為的分布：北海道〜九州

おもな用途：公園樹。花は香水などに

イボタノキの枝につくイボタロウムシ

イボタノキの白い花

甲冑のような冬芽

上がライラックの葉、下はイボタノキの葉

木をおぼえる短歌

鎧から華やかに咲くライラック　下で出番を待っているイボタ

ライラックは、リラ、ムラサキハシドイと呼ばれ、ヨーロッパ原産の木です。スペードのような形の葉が対に並びます。甲冑のような冬芽から春に花と葉が一斉に飛び出し、華やかな春を彩ります。白や紫の花が美しく、品種がたくさんあります。かつては北海道に多く植えられ、暑い場所では栽培できませんでしたが、最近は暑さに耐える品種も作られています。ライラックは香りが良く香水などに使われますが、園芸品種では香りが弱いようです。

ライラックは同じモクセイ科のイボタノキを台木にして接ぎ木栽培されます。イボタノキは北海道から九州まで分布し、日本在来の木です。イボタノキは楕円の葉で、先端の葉が大きく対生、白い花が咲きます。イボタノキの枝には、イボタロウムシというカイガラムシの仲間がつき、イボタ蝋《ろう》が取れます。まるで雪が積もっているかのような白い分泌物をロウソクなどに使います。

上に接がれたライラックが枯れて、台木からイボタノキの枝が伸び、いつの間にかイボタノキになっていることは多々見られます。上はライラック、下はイボタノキの両方の場合もあります。台木の下積み生活で華やかなライラックを支えつつ、イボタノキはあわよくば主役の座を狙っているのです。紫だった花が白い花になり、おかしいなーと思ったら、それはライラックとイボタノキの主役交代劇です。

年をとっても丸くなってたまるか

モクセイ科

ヒイラギ

Osmanthus heterophyllus

見つけやすさ ★★★
花の美しさ ★★★
したたかさ ★★☆

漢字名：柊、柊木

別名：オニオドシ

類似種：セイヨウヒイラギ、ヒイラギモクセイほか

広葉樹／常緑樹／小高木／雌雄異株

英 名：Chinese-holly, False holly, Holly-olive

花期：11～12月

果実期：6～7月

おもな植栽地・生息地：住宅、公園、寺社

原産地：日本、東アジア

自生地：関東地方以西～沖縄

人為的分布：北海道南部以南

おもな用途：節分の飾りとして。材は金槌の柄や器具、印材に

丸くなっても先端だけとがる葉

ヒイラギの芽

黒紫色の実

香りのよい花が咲く

木をおぼえる短歌

チクチクと痛い葉をもつヒイラギは、
年取ると丸く花おくゆかしい

ヒイラギは節分の時など、イワシと共に魔除けとして使われます。昔は悪いものが家に来ないように鬼門の方角にヒイラギを植えました。何かとトゲトゲしているものは魔除けにされるようで、セイヨウヒイラギなどもリースにしてドアに飾られます。ただしセイヨウヒイラギはモチノキ科で、ヒイラギはモクセイ科、実の色もヒイラギは黒紫色です。

葉のトゲは動物に食べられないためのもので、ヒイラギの木が大きくなると葉が丸くなります。年をとったら丸くなる人間にたとえられることが多いのですが、葉の先端だけトゲが残ることが多く、「丸くなんぞなるものか！」と抗っているようで、大好きです。春の新葉は柔らかく、小さい葉がピンと出ています。この葉は全く痛くないので、「全然痛くないよーだ」と、なでまわすのが私の春の行事です。小さい白い花をつけ、意外といい香りがします。ただよく嗅ごうとすると、葉で鼻を刺すので注意が必要です。

ヒイラギは幹の切り口の道管が火炎状に並ぶので、紋様孔材《もんようこうざい》と呼ばれています。これはキンモクセイ（P164）にも見られます。ヒイラギの材は丈夫で、金槌の柄に利用されたりしています。

ヒイラギとギンモクセイを交雑したヒイラギモクセイの生垣がよくありますが、決まってヘリグロテントウノミハムシに食べられています。黒くて小さいハムシに触れると、ぴょーんとノミのようにジャンプします。

「せーの」で始める集団生活

カバノキ科

シラカバ

Betula platyphylla

見つけやすさ ●●●
花の美しさ ●
したたかさ ●●

漢字名：白樺

別名：シラカンバ

類似種：ダケカンバ

広葉樹／落葉樹／高木／雌雄同株・異花

英名：Japanese white birch

花期：4月

果実期：9～10月

おもな植栽地・生息地：住宅、公園、街路

原産地：日本

自生地：北海道、本州（福井・岐阜県以北）

人為的分布：北海道～九州

おもな用途：材は家具、内装に。樹皮は着火剤に。樹液は甘味料の原料として食用にも

シラカバの友達の一人ベニテングタケ

ぶら下がる実

雄花

雌花

木をおぼえる短歌

よく燃える「へ」と書いてある白い肌
ベニテングよりそう短命なシラカバ

シラカバといえば、菌根菌のベニテングタケ。高原リゾートのようなイメージのシラカバのパートナーは、毒キノコの代名詞のようなベニテングタケなのです。ベニテングタケの菌糸が根についているシラカバは乾燥から守られ、無機養分をもらい成長も良く、ベニテングタケ側も稼ぎの良いシラカバから栄養をたくさんもらえます。シラカバは短命で、庭木などでは二〇～三〇年で枯れてしまいます。山では七〇～一〇〇年生きるようなので、私は菌根菌の存在が大きいように思います。もちろん、植えられているのは樹皮が白い品種であったり、根を切られたり剪定されたり、植えられたシラカバが短命な原因は他にもいろいろあると思います。

白い幹には、黒く「へ」と書かれたような模様があります。これは枝のあった痕で、枝と幹がお互い太くなり、樹皮が弾き出され「へ」となります。カバノキ科の仲間は樹皮が剥がれ、よく燃えます。シラカバの種はとにかく多く、数打ちゃ当たる方式で、日当りの良い場所に一斉に芽生え純林を作ります。材としてあまり使えないので、伐採されず残された純林パターンもあります。風媒花ですが、葉が開く時、花のような香りを出すようです。自分の花粉で種ができない自家不和合性。別の木の花粉が必要です。この香りは虫を呼ぶわけではなく、同時に花を咲かせる信号ではないかといわれています。シラカバたちの春は「せーの」で始まります。

熟した甘い実を持って行ってもらいたい

カキノキ科

カキノキ

Diospyros kaki

見つけやすさ
花の美しさ
したたかさ

漢字名：柿の木

別名：カキ

類似種：マメガキ、リュウキュウマメガキ

広葉樹／落葉樹／高木／雌雄同株・同花または異花

英名：Persimmon

花期：5〜6月

果実期：10〜11月

おもな植栽地・生息地：住宅、公園

原産地：中国、日本

人為的分布：本州、四国、九州

おもな用途：実は食用、渋柿は木材の防腐剤に。葉は茶に。材は家具などに

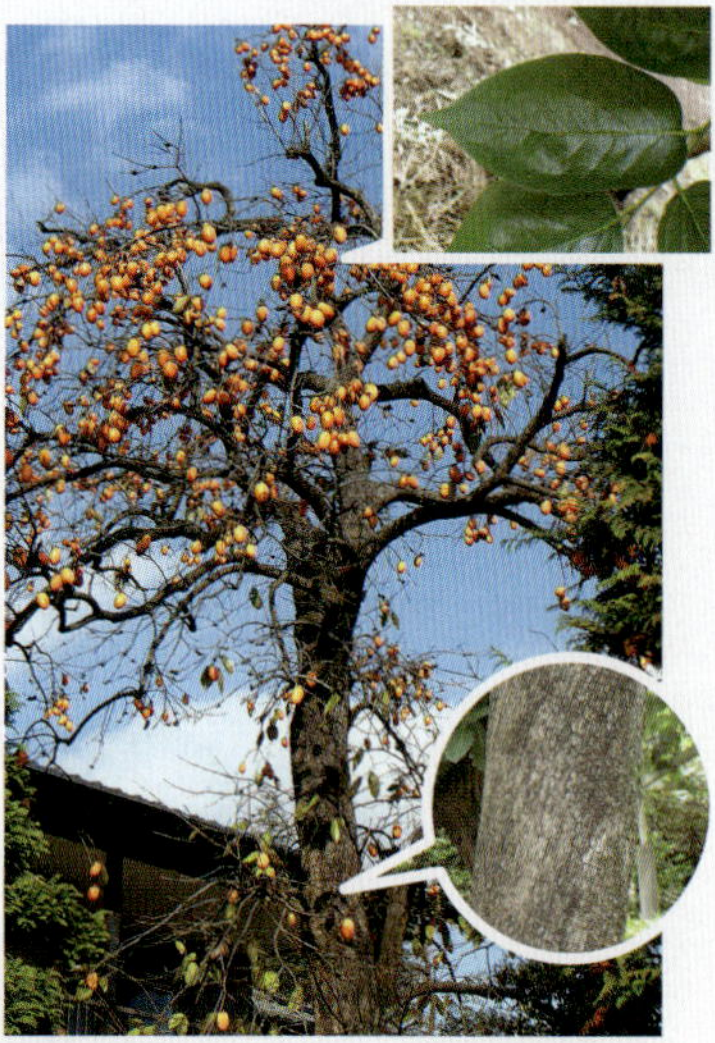

円星落葉病

冬芽は日焼けしたオジサン

渋柿も熟すと甘い

花はわりとかわいい

木をおぼえる短歌

渋抜いて　柿渋板に塗ったなら
甘い柿食べ黒いパーシモン

農村で柿が実る様子は、日本の美しい秋の風景です。しかしよく見てみてください。葉が全部落ちて、実がよく見えませんか？　それはカキノキの落葉病です。本来、実がなる時期はまだ葉がついているはずなのです。落葉病には円星《まるぼし》落葉病と角斑落葉病があり、葉につくと早期に紅葉して葉を落とします。円角コンビは、栽培農家では嫌われますが、実が全くならないわけではないので、秋の風景を演出するのに一役買っているともいえるのではないでしょうか？

カキノキは東北から九州で育てられます。中国原産とされていますが、在来種説もあります。材が黒く堅くて緻密なので、家具などに使われます。アメリカガキの材は、パーシモンと呼ばれゴルフクラブに利用されます。青い実から柿渋をとり、傘に塗ると水をはじきます。若葉の天ぷらは美味です。

渋柿甘柿など品種は多く、渋柿は渋抜きをして食べます。渋抜きとは、渋みになるタンニン物質を水に溶けない形にすることです。渋抜きの方法は、湯抜き、アルコール、炭酸ガス、干し柿などがあります。私の実家では、牛の堆肥を積んだところにツボを入れ、ツボに水と柿を入れて堆肥の発酵熱で湯抜きしていました。うちの旦那は子どもの頃、堆肥に柿をそのままつっこんで翌日洗って食べていたそうです。目から鱗ですが、食欲はそそりません。そもそもカキノキは実が熟す前に食べられたら困るので、渋くしているのです。

種を工夫する不器用な陽樹

ミカン科

ユズ

Citrus junos

見つけやすさ ★★☆
花の美しさ ★★★
したたかさ ★☆☆

漢字名：柚子
別名：ホンユズ
類似種：ハナユ、シシユズ
広葉樹／常緑樹／小高木／雌雄同株・同花
英名：Yuzu
花期：4〜5月
果実期：11〜2月
おもな植栽地・生息地：住宅、学校
原産地：中国
人為的分布：東北地方以南
おもな用途：実は食用

葉先は少しへこむ

枝はトゲが多い

香りの良いユズの実

花も良い香りがする

木をおぼえる短歌

トゲ多く、柚子味噌　ポン酢香り良い
翼つきの葉っぱアゲハ育てる

ミカンの仲間は、暖かい場所が故郷。ユズはその中でも寒さに適応した種類で、中国原産とされています。陽樹にしては成長が早いわけではなく、大木になるわけでもなく、競争の激しい森では、ユズは他の木に覆われ、断然負け組です。

葉の柄には翼があり、変わった形をしています。葉の先端には小さなへこみもあります。枝は多めのトゲで防御しています。

ユズの花は香りがよいし、実も香りを楽しみます。柚子湯にしたり、お鍋やポン酢、青いユズで柚子胡椒を作ったり、料理にかかせません。

ユズの種をまくと一つの種から二、三本芽が出てきます。一つの受精卵から二つ以上の胚が発生することを多胚性といい、ヒトの一卵性双生児も、ウンシュウミカン、オレンジ、ポンカンなども多胚性です。ブンタンなどは一つの種から一つ芽生える単胚性です。多胚性種子は生き残る上で有利ですが、品種改良をするのを難しくしています。しかし、ウンシュウミカンとオレンジの子どもの清美は、なんと単胚性で、この清美を利用して続々と新品種が生まれています。

都内で見かけたあるミカンの木が明らかに変。ユズ、キンカン、ナツミカン……一〇種以上の柑橘類が一本の木に枝接ぎされていたのです。お家の人によると約三〇年かけたそうです。狭い場所では、一本で楽しめるこの「ミカン見本市方式」は良いかもしれません。

毒という切り札

イチイ科

イチイ

Taxus cuspidata

見つけやすさ

花の美しさ

したたかさ

漢字名：一位

別名：オンコ、アララギ、クネニ

類似種：キャラボク、イヌガヤ、カヤほか

針葉樹／常緑樹／高木／雌雄異株

英名：Japanese yew

花期：3～5月

果実期：9～10月

おもな植栽地・生息地：住宅、公園

原産地：日本、アジア東北部

自生地、人為的分布：北海道～九州

おもな用途：材は工芸品、天井板、鉛筆や染料に

イチイの材（木目）

黒い種は毒なので食べてはいけない

種を覆う赤い果肉（仮種皮）以外は全て毒

雄花

木をおぼえる短歌

赤い実は甘いが種は猛毒よ
材は一《イチ》位《イ》の高貴なお方

昔の高官が持つ笏《しゃく》をイチイで作ったため、官位にちなんで「一位」とつけたようです。笏は六世紀ぐらいに中国から伝わったもので、位の高い人が持ち、朝廷の式次第を書いた紙を貼るものだったようです。カンニングペーパーを堂々と読むカッコイイ道具です。今は神主さんやおじゃる丸が笏を持ちます。

イチイは北海道〜九州まで分布します。寒い気候があっていて、北海道には特に多く見られ、生垣などにも利用されています。サカキやヒサカキが手に入らない北海道や東北では、イチイを玉串に利用しているようです。葉はカヤに似ていますが、痛くなく気孔帯が薄い緑で目立ちません。葉がらせん状に並ぶキャラボクにも似ていますが、イチイの側枝はほぼ二列に葉が並びます。

雌雄異株で、雌株に赤い実（種子）がなります。赤い部分（仮種皮）は甘く食べられますが、中の黒い種はアルカロイドのタキシンを含み有毒です。量により痙攣・呼吸困難を起こし死に至ります。タキシンは赤い仮種皮以外、葉幹根などすべてに含まれるようです。

鳥やサルが種を丸ごと食べて平気なのは、種の皮は丈夫で動物は消化できず、糞でそのまま出る仕組み。イチイとしても種を動物に遠くに運んでもらいたいので毒を当てたくはないわけです。でも、せっかく作った種をかみ砕くヤツには、容赦がありません。一度の過ちでさえ許されません。赤く甘い実の誘惑にお気をつけください。

チャームポイントは奔放な枝振り

モチノキ科

イヌツゲ

Ilex crenata

見つけやすさ
花の美しさ
したたかさ

漢字名：犬黄楊

別名：ヤマツゲ、ニセツゲ、コバモチ

類似種：ツゲ、ボックスウッドほか

広葉樹／常緑樹／低～小高木／雌雄異株

英名：Japanese holly

花期：5～7月

果実期：10～12月

おもな植栽地・生息地：住宅、公園、里山

原産地：日本

自生地：本州～九州

人為的分布：北海道以南

おもな用途：生垣やトピアリーに

刈り込んで作られるトピアリー

新葉は花より目立つ

黒い実は鳥が運ぶ

小さな花

木をおぼえる短歌

刈り込まれ丸い枝だと思われる
イヌツゲはモチ　メイガは来ない

イヌツゲは雌雄異株で、小さなかわいい花を咲かせ、雌木に黒い実をつけます。日陰と剪定に耐える性質で、枝を切ると小さな葉をつけた枝は様々な方向に伸び、このランダムに伸びる枝がトピアリー（木を刈り込んで作る造形物）を作るのに利用されます。この枝振りはなぜかイカにも好まれ、福岡ではイカ漁にも使われています。ただ何度も刈り込まれると、さすがに色々な方向へ行く余裕はなく、上へのみ胴吹きが伸びます。

イヌツゲは本州から九州の林内に普通に生える木です。山では比較的乾燥した所に多いのですが、植えられると少しキャラが変ります。植えられる苗の根は山で伸ばす根ほど量がありません。乾燥に強い、しぶとそうなキャラの植物は、自生している状態では、それなりに根を伸ばしているのだと思います。

イヌツゲは剪定していた枝がいきなり枯れることがあります。イヌツゲ枝枯病という枝を枯らす病気もありますが、常緑樹は成長が遅く、葉の貯金を取られる刈り込みに限界がきたのではないかと思います。

ツゲと葉が似ているので、イヌツゲのことをツゲと混同されることがあります。ツゲは柘植《つげ》の櫛で有名で、葉が対生のツゲ科です。イヌツゲは葉が互生のモチノキ科、実も全く違います。ツゲノメイガというガの幼虫はイヌツゲにはつかず、ツゲ科のボックスウッドの葉を食べます。虫は見かけが似ているからと間違えることはありません。

境界線の番人は赤星病菌の仲介者

ヒノキ科

カイヅカイブキ

Juniperus chinensis 'Kaizuka'

見つけやすさ ★★☆
花の美しさ ★☆☆
したたかさ ★☆☆

漢字名：貝塚息吹、龍柏

別名：カイズカ、カイズカビャクシンほか

類似種：イブキ、イタリアンサイプレス、チャボヒバ

針葉樹／常緑樹／高木／雌雄異株、ときに同株・異花

英名：Dragon juniper

花期：3～4月

果実期：11～1月

おもな植栽地・生息地：住宅、公園

原産地：日本（栽培品種）

人為的分布：北海道中部以南

おもな用途：生垣など

個性的な刈り込みのカイヅカイブキ

赤星病菌の冬胞子

食べられないためにスギのような葉になる

カイヅカイブキ雌花

木をおぼえる短歌

貝塚で作られたのが名の由来
毛先遊ばせ巻いてゆくイブキ

「この木、ドライヤーでもかけてるの?」と言われるほど不思議な枝のカイヅカイブキ。緑の枝が炎のように巻き上がります。カイヅカイブキはビャクシンの栽培品種で、生垣などに利用されます。北海道中部から南に植えられ、関東以西ではかなり大きくなり、一五mぐらいのものも見られます。

葉は、ヒノキのような鱗状の葉ですが、枝が木質化している部分で切ると、そこからスギのような葉が伸びて「先祖返り」と呼ばれます。これはチクチクした葉で動物に食べられないためだと思われます。

春、カイヅカイブキの枝に缶詰ミカンのようなゼリー状のものがついていたら、赤星病菌の冬胞子です。その胞子が風雨でナシの葉にたどり着き、葉表から蜜液を分泌してアリなどの昆虫が受精を手伝い、葉裏にホクロの毛みたいに伸び胞子ができます(カリン・P076)。この病気はナシの収穫量を落とします。二つの植物を行き来する菌を異種寄生菌といいます。不思議なのは、ナシ同士では感染せず、カイヅカイブキなどのビャクシンの仲間がいないと広がりません。なんて遠回りな菌。赤星病菌を防ぐには、数キロ圏内にビャクシンの仲間を植えないだけでいいのです。

家の境界で枝を半分切られ、骸骨のような中身が見えている状況をよく見ますが、骸骨から枝葉が出ることはまずありません。カイヅカイブキは大きくなるし扱いづらいので、あまり植えられなくなってきています。

ミノの形は2way変化

ウコギ科

カクレミノ

Dendropanax trifidus

見つけやすさ
花の美しさ
したたかさ

漢字名:隠れ蓑

別名:ミツデ、カラミツデ、テングノウチワほか

類似種:ヤツデ

広葉樹/常緑樹/小高木〜高木/雌雄同株・同花または異花

英名:Kakure-mino

花期:7〜8月

果実期:11〜12月

おもな植栽地・生息地:住宅、公園、里山

原産地:日本

自生地:関東地方以西〜九州

人為的分布:関東〜沖縄

おもな用途:庭木など

幹の傷から流れる樹液

切れ込みのない葉の紅葉

黒紫の実は鳥が運ぶ

よく見るとかわいい花

木をおぼえる短歌

カクレミノ樹液は漆の代用品　蓑っぽいのは若い時だけ

「隠れ蓑《みの》」は天狗の持ち物、『ドラえもん』でいうところの「透明マント」はみんなの憧れの宝物。昔話の彦一は隠れ蓑を着てお酒を飲みましたが、あなたなら何をしますか？　葉が蓑に似ているので、カクレミノとなりました。想像をかきたてる良い名前です。

カクレミノは東北から沖縄に分布し、林内に生えます。樹液にウルシと一緒の成分を含み、かぶれることもあり、漆の代用品でもあったようです。

幼い葉は三〜五つにさけ、大きくなると卵型の丸い葉になります。三つにさけた葉は、お供え物をのせる皿に使いました。葉の寿命は一年半で、二年目の秋にきれいに黄色くなり落葉します。葉の形が二種類あるものを二型葉といい、カクレミノの他にキヅタやヒイラギ（P176）なども二型葉です。

庭で結構大きくなり、よくばっさり切られています。私は剪定するとき、会社にたとえて考えればよいのではないかと思っています。上枝は精鋭社員、下枝はあまり稼ぎがよくないけど会社を支える古株社員、応急処置の胴吹きはバイト君、みんなで一本の会社を支えるのです。カクレミノはまだ会社が小さい場合、社員をすべて失ってもバイト君で対応できます。バイト君は次第に正社員になり、会社は復活します。常緑樹はバイトを手軽に雇えないので、新入りバイトをすぐに切ると会社は倒産します。カクレミノは鳥の協力により都内の緑地にブランチを増やしています。

枯葉を落とさないのが昔の人のツボ

ブナ科

カシワ

Quercus dentata

見つけやすさ
花の美しさ
したたかさ

漢字名：柏

別名：カシワギ、モチガシワほか

類似種：ミズナラ、ナラガシワなど

広葉樹／落葉樹／高木／雌雄同株・異花

英名：Japanese emperor oak, Kashiwa oak, Daimyo oak

花期：5～6月

果実期：10～11月

おもな植栽地・生息地：住宅、公園、海岸

原産地：日本

自生地、人為的分布：北海道～九州

おもな用途：葉は餅をくるむ材料に

冬でも葉を落とさず、芽を寒さから守る

殻斗は茶髪のカツラ

ふくらもうとしている雌花

だらりと下がる雄花

木をおぼえる短歌

葉の裏は毛深いカシワ　ドングリの
パーマのカツラころんと落ちる

カシワは北海道の海岸などで林を作ります。海岸などやせた土は他の木がきにくいので、カシワは光を独り占めできます。

カシワは冬になっても枯れた葉をなかなか落としません。葉を切り離すための離層《りそう》ができにくく、新しい葉が芽生えるときにようやく落葉します。これが「代々途切れず縁起が良い」ということで、男の子の節句に柏餅で祝います。ユズリハ（P158）しかり、昔の人の願いはそこなんですね。今の人からは冬でも葉を落とさない様子を「枯れてしまったのか？」と質問されます。枯葉は冬芽を寒さから守るために、冬中ついています。カシワのドングリはクヌギに似ていますが、カシワの袴（殻斗《かくと》）はカールした茶髪のカツラのようです。クヌギのは剛毛のくせ毛です。

クヌギの袴で灰色に染まるというので、たくさん集めてタオルを染めてみました。出来上がりはどう見ても灰色の雑巾でした。手間をかけて新品タオルを台無しにしました。

「戦時中にドングリで味噌を作ったなあ」とお年寄りから聞き、いろいろなドングリを大量に拾い、実を割り、水でさらしてあくを抜き、圧力鍋で煮て、かたいまま米麹と混ぜて、仕込んで半年。ほんのり苦くてうまい真っ黒な味噌ができました。動物調査をしている知人に食べさせたら「これは……色といい、香りといい、つやといい、クマ糞そっくりだ！」と大絶賛。苦労して時間をかけてクマ糞ですか……。ドングリには苦い思い出があります。

ザクロ伝説がとまらない

ミソハギ科

ザクロ

Punica granatum

見つけやすさ ●●○
花の美しさ ●●●
したたかさ ●●○

漢字名：石榴

別名：なし

類似種：ハナザクロ

広葉樹／落葉樹／小高木／雌雄同株・同花

英名：pomegranate

花期：6～7月

果実期：9～10月

おもな植栽地・生息地：住宅、公園、寺社

原産地：西南アジアほか

人為的分布：東北地方南部～沖縄

おもな用途：花は観賞用。実は食用

宝石のような果実（種子）

ザクロの若い実

ガクは分厚く、タコさんウインナーのよう

赤い花は鳥などへのアピール

木をおぼえる短歌

硬いガク蜜泥棒を防ぐため　日本は安全鬼子母神のザクロ

宝石のような赤い果実（種子）のザクロ。宝石のガーネットもザクロ石と呼ばれるほどです。西南アジアほか原産とされるザクロは、中国を経由して日本に来ました。初夏に赤い花が咲くとき、分厚いガクがタコさんウインナーのようです。赤い色は鳥へのアピールで、鳥などが受粉しているのだと思われます。この堅いタコさんウインナーは、花の外から口ばしで穴をあけて蜜を盗まれないためのようで、ブロックされた鳥はしかたなく受粉させられます。

ザクロの幹は遺伝的にねじれて成長し、この材は床柱などにされます。実の印象が強く葉は影が薄いですが、対生に並んでいます。

ザクロ本人はきっとひたむきに生きていると思うのですが、実の不思議さから人間は放っておきません。「ザクロは種がたくさん入っているので子宝に恵まれる」とか。「子どもを食う鬼神に釈迦がザクロを与え、もう人は食べないと約束させ、鬼子母神となり子育ての神となった」とか。そこからザクロは人肉の味に似ているといわれ、「〝ザクロは血の味〟と『悪魔の花嫁』（少女漫画）で読んで震えあがる」とか。最後は私の子どもの頃の思い出ですが、ザクロは伝説がとまりません。

ザクロの実は美しいけど、食べたら酸っぱい種ばかりで全然食べるところがありません。この実に女性ホルモンのエストロゲンがあると一時期ブームでしたが、ジュースなどの効果は疑問視されています。ザクロを取り巻く伝説は、現代もまだまだ続きます。

日焼けした野生児

ツバキ科

ヒメシャラ

Stewartia monadelpha

見つけやすさ
花の美しさ
したたかさ

漢字名：姫沙羅

別名：サルナメリ、サルタノキ

類似種：ナツツバキ

広葉樹／落葉樹／高木／雌雄同株・同花

英名：Japanese stuartia, Tall stewartia

花期：5〜7月

果実期：9〜11月

おもな植栽地・生息地：住宅、公園、寺社

原産地：日本

自生地、人為的分布：関東地方南部以南〜九州

おもな用途：観賞用。材は建材、器具、彫刻材に

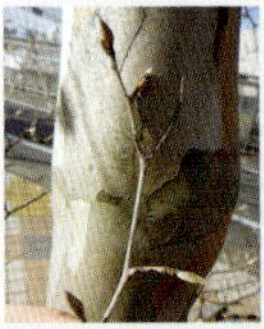

ナツツバキの樹皮と冬芽

ナツツバキの脱ぎ落とされた毛皮（花弁）

ヒメラシャラの実

ヒメラシャラの花

木をおぼえる短歌

日に焼けて皮がめくれる夏休み
着ぐるみ脱ぎ捨て散らかすヒメシャラ

ヒメシャラは、ナツツバキと似ていますが、ヒメと呼ばれるだけあって花も葉もナツツバキより小さめです。夏に日焼けした肌がぺりぺりと剥けるように、ヒメシャラの樹皮は剥けます。森の中ではヒメシャラの茶色の肌が目立ちます。似ているナツツバキの樹皮はまだらに剥がれます。ヒメシャラとナツツバキは、ガクと花弁の裏にも毛があり、花が終わると木の下は脱ぎ散らかした毛皮だらけになります。

ヒメシャラは日本原産、関東から四国の太平洋側、九州の山林に分布しています。荒れた土地に進出するパイオニアで、大きな木になります。苗木となるとまるで野生児が正装させられてるみたいに、清楚で華奢な雰囲気で植えられています。苗木は根が少ないのと、狭い場所に植えられるので、夏の暑さと乾燥の影響を強く受け、庭先で上枝が枯れているものをよく見かけます。ヒメシャラは、ほっそりとした見た目以上に、がっつり根を広げたいタイプなのではないかと思います。庭木では無理しているのかもしれません。

お釈迦様が二本並んだサラノキ（サラソウジュ）の下で亡くなられたので、フタバガキ科のサラノキの代わりにナツツバキ（別名シャラノキ）やヒメシャラが聖樹となってお寺に植えられています。花が白いということは同じですが、花も葉も形は全然違います。きっと森で仏教関係者からみそめられ、芸名をつけられた仏教プロデュースの代役ではないかとみています。

ミラクルな、出だしの遅い葉

クロウメモドキ科

ナツメ

Ziziphus jujuba

見つけやすさ
花の美しさ
したたかさ

漢字名：棗

別名：なし

類似種：テンダイウヤク

広葉樹／落葉樹／小高木／雌雄同株・同花

英名：Jujube, Chinese date

花期：6～7月

果実期：10～11月

おもな植栽地・生息地：住宅、公園

原産地：中国ほか

人為的分布：北海道中部以南

おもな用途：実は食用、薬用。材は工芸品

ナツメヤシ（デーツ）

芽が出るのが少し遅いナツメ

ナツメの実

黄緑色の小さい花

木をおぼえる短歌

芽吹く時期　やや遅いから夏芽《ナツメ》です
葉をかじったら甘さ忘れる

春、葉が開くのが遅く、夏に芽が開くので夏芽となりました。ナツメは中国～西アジア原産で、古くから栽培されている植物です。花は黄緑の小さい花で地味ですが、赤茶に熟した実は甘く、リンゴのような歯ごたえです。干してお菓子や料理、漢方薬に利用されます。

ヤシの仲間にナツメヤシというナツメに似た実をつける木があります。ナツメヤシは世界で最も古くから栽培されている植物といわれ、なんと古代エジプト、メソポタミアですでに重要な食料として栽培されていたようです。ナツメヤシはデーツと呼ばれ、ナツメは「デーツに似た」「中国のデーツ」という英語名です。和名はナツメが最初に入ったせいか、ナツメヤシという名になり、出遅れた形になっています。ちなみにデーツは、お好み焼きソースにも入っています。

ナツメの葉は葉脈が三つに分かれ、つやがあり、互生につきます。ナツメの葉はちょっとすごくて、葉に甘さを感じなくさせる物質が含まれています。葉をよく噛んでから吐きだし、甘いものを食べてみました。砂糖は砂、飴は小石、安いプリンは具無しのしょっぱい茶碗蒸し、古い饅頭はカビ臭がはっきりわかります。驚いたことに、甘さ以外の味はわかるのです。お菓子の甘さにごまかされていることに気づかされました。味覚はすぐに元に戻ります。

ナツメの材は、使い込むとつやが出るといわれ高級家具や仏具などが作られます。木から落ちた種は、そこらじゅうに芽生えます。

枝のクセが強い

ニシキギ科

ニシキギ

Euonymus alatus

見つけやすさ
花の美しさ
したたかさ

漢字名：錦木

別名：ヤハズニシキギ

類似種：コマユミ

広葉樹／落葉樹／低木／雌雄同株・同花

英名：Spindle tree

花期：4～6月

果実期：9～11月

おもな植栽地・生息地：住宅、公園

原産地：日本

自生地、人為的分布：北海道～九州

おもな用途：観賞用。材は工芸品や版木に

枝の翼以外はそっくりのコマユミ

ニシキギの冬芽

赤い実に黒い帽子をかぶる攻めコーデ

小さなコタツをひっくり返したような花

木をおぼえる短歌

ニシキギの十字のコルク若さゆえ？
秋に葉っぱが照れる紅葉

真っ赤な紅葉が艶やかで美しいので、着物の錦にたとえられ、錦木となりました。モミジの仲間は葉肉に色素が作られ紅葉しますが、ニシキギは葉の表面に色素が作られ紅葉します。大木になる木ではありません。

ニシキギで気になるのは何といっても枝！若い枝に板が十字に出ているような変な形に、誰しも「なんでやねん」とつっこまずにはいられないでしょう。折れないように強度をますため？まずそうにするため？トゲにし損ねた？と聞きたいことだらけです。春の新枝は頼りなくうなだれているので、コルク質の羽（翼《よく》）をつけることで、弱い子が鎧をつけて「すごいだろ」と強がっているのではないかと想像していました。

ニシキギそっくりで翼がないコマユミは枝が下がり気味なのに対し、ニシキギは翼の補強があるため枝を水平か斜め上に伸ばせるのではないかという説を見つけました。ということは、これは添え木？翼が作られるのは約三年。添え木なら枝が太くなれば用なしとなります。ニシキギは、自前の添え木で枝をピンと伸ばしているようです。

花は小さなコタツをひっくり返したようで、四隅にコタツの足の雄しべが四本と中央に雌しべが配置されます。たまに五角形のコタツもあります。実は赤く、黒い帽子をかぶってぶら下がり、この実を鳥が運びます。日当たりが良く、水はけのよい土が好きで、種でも挿し木でも育てることができます。

葉はつやつやののんびり女王

モッコク科（サカキ科、ペンタフィラクス科）

モッコク

Ternstroemia gymnanthera

見つけやすさ ★☆☆
花の美しさ ★★★
したたかさ ★☆☆

漢字名：木斛

別名：アカミノキ、ポップゥユス

類似種：モチノキなど

広葉樹／常緑樹／高木／雌雄同株・同花

英名：Mokkoku tree

花期：6～7月

果実期：10～11月

おもな植栽地・生息地：住宅、公園、寺社

原産地：日本、朝鮮半島、中国、東南アジア

自生地：関東地方南部以西～沖縄

人為的分布：東北以南

おもな用途：材は建築材に。樹皮は染料に

モッコクの赤い材

春のつやつやした若葉

別名アカミノキと呼ばれる赤い実

よくみるとかわいい花

木をおぼえる短歌

首里城を作ったモッコク優れた木
つやつやの葉でのんびり成長

モッコクは庭木の王（女王）と呼ばれ、マツ、モチノキと共に庭に植えられます。梅雨に白い花が咲き、秋に赤い実がつきアカミノキとも呼ばれます。

モッコクは江戸五木の一つで、メンバーはアカマツ、イトヒバ、イヌマキ、カヤ、モッコクで、「ア、イイカモ」と覚えるといいかも。江戸時代に大事にされた庭木です。マツ以外はそろいもそろってスローな樹木たちで、限られたスペースで長く楽しむのには最適な樹種です。少しの剪定で成長はさらに抑えられ、実家のイトヒバなんて私の子どもの頃からほとんどサイズが変わりません。最近いろいろな木を植え始めて「木が大きくなって困る」と言われるのは、かつては成長が遅いこのような木が庭で定番だったからだと思います。

以前、うちのモッコクにモッコクハマキが大発生しました。モッコクハマキは葉をつづって引きこもるガの幼虫。葉を開くとそんなにビビらなくても……と思うぐらい暴れます。ハマキガだらけのまま様子を見ていたら、翌年新しい葉を出して大発生は続きませんでした。虫で木が枯れることはほとんどなく、虫が出たと強剪定して元気がなくなっていき枯れるパターンの方が本当に多いです。

モッコクはまっすぐ伸び、大きいものでは一五mにもなります。美しい赤褐色の材は優秀で沖縄ではシロアリにやられにくいと、首里城正殿にも用いられています。ただ成長が遅いので、材になるには長い年月が必要です。

実はサル好みに改良を重ねてきました

ミズキ科

ヤマボウシ

Benthamidia japonica

見つけやすさ
花の美しさ
したたかさ

漢字名：山法師、山帽子

別名：ヤマグワ

類似種：ハナミズキ

広葉樹／落葉樹／高木／雌雄同株・同花

英名：Kousa dogwood, Japanese flowering dogwood

花期：5～7月

果実期：9～10月

おもな植栽地・生息地：住宅、公園、街路

原産地：日本、朝鮮半島、中国

自生地：本州～九州

人為的分布：北海道中部以南

おもな用途：実は食用、果実酒にも。材は道具や印鑑などに

葉脈の脇毛

冬芽

クレーターのような実は甘い

山法師に例えられる花

木をおぼえる短歌

白い花　法師のコスプレ　ヤマボウシ
葉脈の脇毛あるかなしかも

ヤマボウシはハナミズキ（P030）と同じように、春に白い花を咲かせますが、白い花びらに見えるのは苞と呼ばれるつぼみを包んでいた葉っぱです。花は中心にある小さい塊で三〇ぐらい咲き、この花全体を包むので総苞と呼ばれます。白い総苞を山法師の頭巾に見立てたのが名の由来です。ヤマボウシは本州から九州に分布し、比較的標高の高い場所、ブナなどの木の下がホームです。山で出会うとより法師のイメージがピッタリでしょう。ヤマボウシは花が一斉に咲く年とほとんど咲かない年があるといいます。実は一口大でクレーターのような模様があり、どろっと甘く食べられます。ハナミズキと花はそっくりなのに、実の形は全く違います。ヤマボウシがこのような実に進化したのにはサルが関わっているといわれています。植物にとって良い場所に種を運んで欲しいという願いは切実で、ヤマボウシはサルと出会い、種子散布をしてもらう過程でサルの好む実に変化して生き残ってきたのでしょう。

ヤマボウシの葉は、裏の葉脈の分岐部に茶色い毛があります。木によってこの葉脈の脇毛が濃いものと薄いものがあります。また、樹皮はまだらに剥がれます。ハナミズキの葉には脇毛はなく、樹皮はカキノキのようです。ヤマボウシの材は緻密で折れにくく、黄色っぽくつやがあります。ノミやカンナなどの道具や印鑑の材料にもなるようです。住宅に植えられるほか、街路樹、公園樹としても出会えます。

単色は病害虫ご一行様ご招待の目印

バラ科

カナメモチ

Photinia glabra

見つけやすさ
花の美しさ
したたかさ

漢字名：要黐

別名：カナメガシ、カナメノキ、アカメモチ、アカメノキ、ソバノキ

類似種：オオカナメモチ、レッドロビン

広葉樹／常緑樹／小高木／雌雄同株・同花

英名：Japanese photinia

花期：5〜6月

果実期：11〜12月

おもな植栽地・生息地：住宅、公園

原産地：日本、東アジア

自生地：東海地方以西〜九州

人為的分布：本州中部以南の暖地

おもな用途：生垣としてや観賞用。材は農具などに

ごま色斑点病の葉

レッドロビンの赤い葉

実

花

木をおぼえる短歌

赤い葉を唇につけ厚化粧　ゴマ色斑点困るカナメモチ

春に新葉が赤く美しいカナメモチ。葉を口につけると赤い口紅をしたようになり、いきなり厚化粧感が出ます。レッドロビンはカナメモチとオオカナメモチを交雑した品種で、生垣に利用されます。カナメモチにはごま色斑点病という菌類が原因の葉の病気があり、これに感染すると葉が落ちてしまいます。葉の病気は、半年で葉を落とす落葉樹にとってはさほど深刻な病気ではありません。しかし一年以上葉を使う常緑樹にとってはかなり深刻な病気です。赤い色が強い品種は特にこの病気に弱く、枯れてしまうのです。そこで病気に強い品種ということで作られたのがレッドロビンだったのですが、残念ながら感染してしまいます。

そもそも同じ種類をたくさん植えると減らそうとするのが自然なのです。増えすぎた生き物がいたら、それを食べたり寄生する天敵が集まり、減少させることで自然はバランスを保っています。一面に同じ花を咲かせるのは不自然なことなので無理が生じ、管理には農薬などお金も手間もかかります。単一野菜の大量生産もこのリスクがあります。

レッドロビンの他に病気に強い品種も出ていますが、生垣だと病害虫ご招待状態であることは変わりません。混ぜ垣で他の木と一緒に植えるのも手かもしれません。

カナメモチの材は、日本産の木材の中で最も比重が重いようです。堅くて扇の要に使われたのでカナメモチと呼ばれるようです。

裸一貫の成金

キリ科

キリ

Paulownia tomentosa

見つけやすさ ★★★
花の美しさ ★★★
したたかさ ★★

漢字名：桐

別名：白桐、泡桐、榮

類似種：キササゲ、アオギリ、イイギリ、ハリギリ、クサギ、ヒマワリ

広葉樹／落葉樹／高木／雌雄同株・同花

英名：Empress tree, Princess tree, Foxglove tree

花期：5〜6月

果実期：10〜11月

おもな植栽地・生息地：住宅、公園、街路、学校

原産地：中国

人為的分布：北海道南部以南

おもな用途：材は下駄や家具などに

風に飛ぶ種

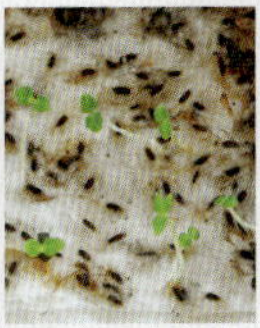
か弱いキリの芽生え

音符のような形の花芽

紫の花のガクが豪勢

木をおぼえる短歌

大きな葉ふわふわ種も風に飛ぶ
成長はやくタンスになるキリ

キリは中国原産。大きい葉で目立つのですが、意外とみんな気づいていません。都会の駅中などに、知らん顔にしては大きすぎる図体で居座っています。葉がヒマワリに似ていますが、手触りはキリがふわふわ、ヒマワリはざらざらです。紫の花がきれいで、それ以上にビロードのガクが豪勢です。

キリの材は軽くてくるいが少ないため、タンスや琴などに使われます。燃えにくいということで金庫の内側にも使われていたそうです。昔は女の子が生まれるとキリを植え、嫁入り道具のタンスを作ったそうです。キリの成長は驚くほど早く、樹齢七年のキリの切り株の直径が約四〇㎝ありました。

キリの種はとても小さく、発芽させてみたらアルファルファのようなか弱さ。これがあの太い木になるなんてちょっと信じられません。たぶん発芽から根を伸ばして太い枝になるまでかなりの時間を要しています。見えないところで相当苦労していると思います。栗のような殻の中に何千と種が入っていて、風に飛ばします。母木は、子（種）に何も持たせず、ひたすら小さく軽くただ遠くに行けるように羽だけつけて。子は裸一貫、日当たりの良い新天地でがむしゃらにがんばるのです。

私は街で隙間から出ているキリを見つけると地図に印をつけています。トンネル口、陸橋のたもと、T字路、カーブ、エアコンの排気、線路の交差など、風がぶつかるような所でよく出会います。

空き地の野次馬

トウダイグサ科

アカメガシワ

Mallotus japonicus

見つけやすさ
花の美しさ
したたかさ

漢字名:赤芽柏	
別名:ゴサイバ、サイモリバ	
類似種:イイギリ、オオバベニガシワ	
広葉樹/落葉樹/高木/雌雄異株	
英名:Japanese mallotus	
花期:5~7月	
果実期:8~10月	
おもな植栽地・生息地:住宅、公園、街路、学校	
原産地:日本	
自生地、人為的分布:本州~沖縄	
おもな用途:材は建材、下駄、薪に。若葉は食用。葉は食物をのせる材料に	

葉の蜜腺にアリが集まる

赤いのは葉の毛

黒い実

丸いつぼみから咲く雄花

木をおぼえる短歌

いち早く隙間見つけて陣地とる　葉の毛が赤いアカメガシワ

新葉が赤く、カシワ（P192）の葉と同じように葉の上に食べ物を乗せたのでアカメガシワとなりました。雌雄異株で、雌木には黒い実がなります。赤いのは葉に生えている毛で、大きくなると薄くなります。赤は紫外線から守る色、新しい葉を毛と色ダブルで守ります。葉の柄の付け根には、二つ蜜腺があり、アリを集めてさらに葉を守っています。おかげであまり病害虫もなく、健康すぎるのもロマンをかきたてないのか注目もされません。空き地や道ぞいなどに真っ先に生える先駆樹種で、街でもそこかしこの隙間から生えるので、雑草扱いされています。

　私は電車の先頭車両に乗って、勝手に生えているキリを探す桐鉄《きりてつ》が趣味ですが（やっているのは私だけです）、誰も気がついていない大きなキリの葉を見つけたときの興奮といったらありません。そんな線路沿いや駅に決まっているキリのライバルが、アカメガシワです。アカメガシワは鳥が種を運びます。鳥は天敵のいない安全な駅に集まります。駅で一際目立つキリは切られますが、アカメガシワは葉が小さいので、なぜかお目こぼしされています。雑草扱いの中では、アカメガシワはイケてる方なのかもしれません。赤い芽出しが憎めない、かわいい木です。

　話は別ですが、駅の木に鳥が集まって困ると大きく枝を切ったら逆効果で、より多くの鳥が集まるようになりました。結局木がどうこうではなく、鳥は駅が好きなのです。

伝言ゲームで神の木に

ニガキ科

シンジュ

Ailanthus altissima

見つけやすさ ★★☆
花の美しさ ★☆☆
したたかさ ★★★

漢字名：神樹

別名：ニワウルシ

類似種：ハゼノキ、カイノキ、カラスザンショウなど

広葉樹／落葉樹／高木／雌雄異株

英名：Tree of heaven

花期：6～7月

果実期：8～10月

おもな植栽地・生息地：住宅、公園、街路

原産地：中国

人為的分布：北海道～沖縄

おもな用途：庭木。材は器具などに

葉のでっぱりにある蜜腺

カオナシに似ている葉痕

羽つきの種は目玉みたい

薄い黄緑の花

木をおぼえる短歌

のっぺらぼうカイコを飼ってたシンジュの葉
ひょこと尖がる葉蜜腺がある

シンジュ（ニワウルシ）の葉はウルシに似ていますが、ウルシの仲間ではなく、かぶれることはありません。もともと「天にも届く高木」という意味の名前だったのが、英語の翻訳が「天国の木」になり、ドイツ語で「神の木」に、そして日本で「神樹（シンジュ）」となりました。シンジュサンというシンジュを好む蚕の仲間がいて、繭から糸をとります。このシンジュサンを飼育するために、明治時代に有用樹木として中国から持ち込まれました。「神樹」という割には、敬われることはなく、シンジュは野生化して、そこら中に生える厄介な外来種となっています。木と虫はだいたいセットで移動しますが、これほどシンジュが生えているのに、シンジュサンを見たことがありません。シンジュサンがシンジュを好むって、「嫌いじゃない」程度？　なんだかシンジュは「神」と呼ばれつつも、どうしても尊敬できない、生理的に無理な雰囲気を持っています。

シンジュの葉痕は大きくのっぺりしていて、私はカオナシと呼んでいます。葉はウルシやオニグルミ（P112）などと同じ羽状複葉ですが、小葉の付け根にぴょこんと飛び出た鋸歯があり、裏に蜜腺があります。羽状複葉の蜜腺はレアです。花は薄い緑の小さな花が集まり、羽根つきの飛ぶ種をつけます。この種は街中を飛び、駐車場わき、土手、線路などに生えます。たまに街路樹になりすまし、都会の狭い空に向かって真っすぐ伸びています。

モクセイ科
トウネズミモチ
Ligustrum lucidum

見つけやすさ ★★☆
花の美しさ ★★☆
したたかさ ★★★

漢字名：唐鼠黐
別名：なし
類似種：ネズミモチ
広葉樹／常緑樹／小高木／雌雄同株・同花
英名：Glossy privet
花期：6〜7月
果実期：10〜12月
おもな植栽地・生息地：住宅、公園、街路、学校
原産地：中国
人為的分布：東北中部以南
おもな用途：緑化樹

ネズミモチ（左）とトウネズミモチ（右）の葉

トウネズミモチの材

ネズミの糞に似た実

白い花

木をおぼえる短歌

黒い実がネズミの糞だとネズミモチ　透ける葉脈中国生まれ

トウネズミモチは中国原産。似ている在来のネズミモチは本州から沖縄まで分布します。どちらも実がネズミの糞、葉がモチノキに似ているのでこの名前になりました。

昔、この実はコーヒーの代用品になっていたと知り、作ってみたら、「干し草の匂いのお茶」と言われました。

葉は鋸歯が無くのっぺりした葉で、トウネズミモチは葉脈が透けて見えますが、ネズミモチの側脈は透けません（新葉は透けることもある）。トウネズミモチは、ニセアカシア（P046）と共に要注意外来生物（生態系被害防止外来種）になっています。鳥が食べて種を運び、街のいたるところで見かけます。

都会に好んで生える木なんてないと思う人が多いと思いますが、樹種によっては案外住みよい場所のようです。森は競争社会になっていて、光の争奪戦が激しいので、競争から逃れ、荒れ地を選ぶ木もたくさんあります。鳥にとっても、都会のビル群は山に似ていて、ビル風をたくみに利用して飛んでいます。人間以外の生き物たちは、都会か田舎か気にしません。都会の緑は、鳥が作っている一面があり、木の下ではアオキ（P100）やシュロ（P170）が幅をきかせています。トウネズミモチは日陰も乾燥も耐えて、成長も早いのでどんどん陣取り、他の植物が入れなくなります。いつのまにか街路樹と入れ替わり、なりすましている木もあります。材は白くて美しく、積極的に使うべき木だと思います。

都会に増える南国の木

モクセイ科

シマトネリコ

Fraxinus griffithii

見つけやすさ ２
花の美しさ ２
したたかさ ３

漢字名：島梣、島十練子

別名：タイワンシオジ

類似種：トネリコ、アオダモ、センダン

広葉樹／常緑樹／高木／雌雄異株

英名：Giffith's ash

花期：5〜7月

果実期：9〜10月

おもな植栽地・生息地：住宅、公園、街路

原産地：沖縄、台湾〜インド

自生地：沖縄

人為的分布：関東中部以西

おもな用途：観賞用、街路樹

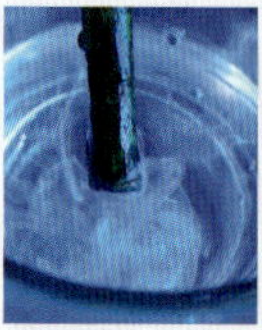

アオダモの枝から出る蛍光物質

アスファルトのすき間から芽生える

飛ぶ種

白い花

木をおぼえる短歌

冬イケそう　明治大で認められ　カブト集まるシマトネの樹液

シマトネリコは亜熱帯地方に分布し、日本では沖縄の木です。かつて寒い関東では屋外に植えると枯れるとされていましたが、明治大学に植えられたシマトネリコが無事冬を越していることが認められ、関東で盛んに植えられるようになりました。近年冬が暖かくなり、寒さの害を受けなくなったのです。

シマトネリコは常緑で葉は羽状複葉、オシャレな緑が年中楽しめると、住宅デザイナーに人気で多用されています。ただシマトネリコは成長が早く、かなり大きくなります。大きくなって手に負えず、「最初の印象と違う！」と思っているお家もあると思います。

雌雄異株で、種が風に飛び、アスファルトの隙間、生垣の中から芽生えています。新興住宅地は、この木ばかりで異国の雰囲気になっている一方、シマトネリコを植えてはいけない樹種にしている市区町村もあります。そんなこともあり、最近はシマトネリコの代わりにアオダモ（コバノトネリコ）を植える傾向にあります。アオダモは在来種で、野球のバットの材料で有名です。トネリコ属の樹皮は蛍光物質を含み、枝を水に浸して暗い場所で紫外線を当てると青く蛍光します。

シマトネリコにはカブトムシが集まるようで、樹皮を傷つけ、樹液をなめるカブトムシが害虫として扱われることもあります。今までなかった亜熱帯の木がいきなり増えるという不自然な状況は、環境へどのような影響を与えるのか懸念されます。

COLUMN ⑤

育ての菌

除菌ブームで菌類や細菌類（バクテリア）はとかく悪者にされがちですが、これらの菌類、細菌類がいないと大変なことになってしまいます。ダイオキシンなどの汚染物質が分解されるのは、白色腐朽菌と呼ばれる硬いキノコのおかげですし、そのほかにもいろいろな汚染物質を分解し無毒化しているのは菌類や細菌類なのです。落ち葉や木の死んだ部分を腐らせ、土を作る腐朽菌はとても大事です。

　また、ほとんどの樹木は菌類や細菌類と共生しています。木の根に菌糸がついて木と共生する菌根菌という菌があり、木が糖などの光合成産物を渡し、菌類は根を乾燥から守り、リン酸などを渡します。

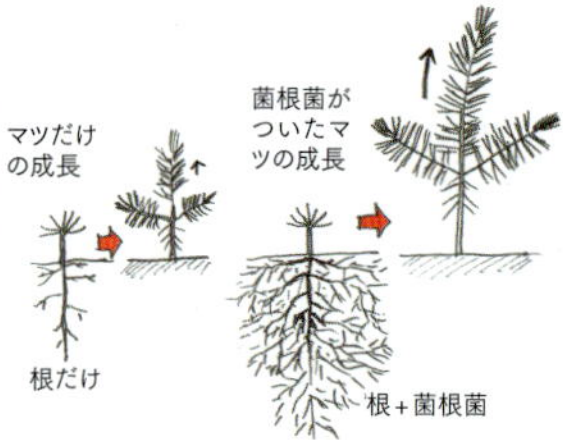

なんでもない雑菌の力

落ち葉も雑草も全くない雑菌が少ない場所では、菌類の競争が少なく、木を枯らす白もんぱ病などの病原菌はかえって参入しやすくなります。菌の多様性は病原菌が入りにくくする予防にもなります。芝生の管理でわざわざ雑菌をまいて、なんでもない菌に陣取ってもらい、病原菌を入りにくくするという予防方法もあります。

　除菌しすぎの空白地帯は、かえって病原菌が入りやすい危うい環境ともいえるのです。病原菌が入ってから除菌は必要ですが、容易ではなく、殺菌剤で木に薬害も出てしまいます。ふだんからなんでもない雑菌とつきあっておいた方がよいと思われます。

第6章 里山の木

里山には、あまり植木として扱わない樹種が多いです。木がたくさんある所は一見いい場所のように見えますが、木にとっては熾烈な競争社会。光争奪戦の勝者が大樹となっています。「日陰でいいや」と戦線離脱するものもいます。

樹木界のグルメ

ウコギ科

ハリギリ

Kalopanax septemlobus

見つけやすさ
花の美しさ
したたかさ

漢字名：針桐

別名：センノキ、ミヤコダラ、テングウチワほか

類似種：モミジバフウ

広葉樹／落葉樹／高木／雌雄同株・同花

英名：Castor aralia

花期：7〜8月

果実期：9〜11月

おもな植栽地・生息地：公園、里山

原産地：日本

自生地、人為的分布：日本全土

おもな用途：材は栓、下駄、建築、家具、楽器、仏壇などに

材はホワイトアッシュのように白く光沢がある

短枝と若い木のトゲ

新葉はタラノメのように天ぷらに（ややにがい）

ヤツデに似た花

木をおぼえる短歌

いつのまにどこにでもいるハリギリの
タラだかフウだか個性無き実力

ハリギリは北海道から沖縄に分布します。たまに出会い、名前がすぐに出てこない人のような影の薄い存在で、スター性はあまりありません。葉は天狗のウチワとか、モミジやモミジバフウ（P040）に似ていて、幼木はタラノキのようにトゲがたくさん出ています。木はとても大きくなり、太い幹になるとトゲは消え、材はケヤキに似ているといわれます。このように他人の空似が多い木なのです。

そんなハリギリのトゲだらけの枝を、サムゲタンの鶏の臭みを取るのに使うと韓国の友人から聞きました。果実も塩を含み、かつては利用されていたのではないかといわれています。材は加工しやすく、白く光沢があり、海外でホワイトアッシュ（アメリカトネリコ）に似ていると人気のようです。建築材から家具、楽器、賽銭箱、仏壇、下駄まで幅広く利用されています。

ハリギリは割とグルメで、肥沃な土地を好みます。北海道開拓時代にはこの木を手掛かりにして肥沃な土地を探していたようです。植物だったら誰でも肥沃な土に生えたいものの、そこは植物同士の激戦区です。ハリギリは幼少期、鋭いトゲで食べられるのを防ぎ、その後急速に大木になることで良い場所を確保してきたのでしょう。分布も日本全土、コンビニ並みに広く展開しています。競争力もあり、広範囲に勢力を広げ、肥沃な土地を確保するなんて、結構なやり手だと思います。この実力が、ハリギリの個性なのです。

枝は短長、転職可能

モチノキ科

アオハダ

Ilex macropoda

見つけやすさ
花の美しさ
したたかさ

漢字名：青膚、青肌

別名：コウボウチャ、コショウブナ、マルバウメモドキ

類似種：ウメモドキ

広葉樹／落葉樹／高木／雌雄異株

英名：Macropoda holly

花期：5〜6月

果実期：9〜10月

おもな植栽地・生息地：住宅、公園、里山

原産地：日本

自生地、人為的分布：北海道〜九州

おもな用途：若葉は食用、お茶にも

アオハダ茶

だるま落としのような短枝と冬芽

種が約4つ入る赤い実

雄花

木をおぼえる短歌

葉脈が血管浮いてる　アオいハダ
赤い実つけて鳥を呼ぶ秋

アオハダは北海道から九州まで、雑木林に普通に見られる木です。アオハダの樹皮はうすく、剥いたら緑色が出るので青肌となったようです。葉裏の葉脈がまるで血管が浮いているように見えます。雌雄異株で雌の木に実がなります。透き通るような赤い実に小さい種が約四つ入っていて、鳥に種も一緒に飲み込んでもらいやすいようにしています。アオハダの枝には長枝と短枝があり、短枝はだるま落としのように連なり、一年で一段成長します。短枝には実が束になってつきます。短枝が途中で長枝に変わることもあり、ちょっとイレギュラーな枝ぶりを見せます。長い枝にまた短枝がつき、短枝から長枝、そしてまた短枝、と転職は自由です。

新芽は食べられ、天ぷらにすると少しほろ苦い感じがカキの葉と似ています。昔はお茶の代用品だったというので、新葉を軽く炒ってお茶を淹れてみました。生の葉は特に香りもないし、かじると苦いだけなので期待していなかったのですが、渋みが少なく、新緑の風味という感じです。後味が緑茶に近いと思いました。出がらしを食べてみたら茶殻の味と似ていて、これを発見した昔の人はすごいと感心しました。

アオハダの材は白っぽいのですが、どぶに数週間つけて青みを帯びるのを待つ染色方法があるようです。青灰色に変わった材を寄木細工などで利用していたようです。寄木細工の色とりどりの材には、様々な手間がかけられています。

三歩進んで二歩下がる

バラ科

ウワミズザクラ

Padus grayana

見つけやすさ
花の美しさ
したたかさ

漢字名：上溝桜

別名：ハハカ、カニワザクラ、コンゴウザクラ、アンニンゴ

類似種：イヌザクラ

広葉樹／落葉樹／高木／雌雄同株・同花

英名：Japanese bird cherry

花期：4〜5月

果実期：7〜8月

おもな植栽地・生息地：公園、里山

原産地：日本

自生地、人為的分布：北海道〜九州

おもな用途：つぼみや実は食用（杏仁子）、果実酒にも。材は彫刻細工、版木、器具の柄などに

葉痕と芽出し。出ていない芽は来年まで待機

順々に熟す実

若い実

花の柄に葉がつく

木をおぼえる短歌

葉痕のタンコブ白い穂に葉っぱ　杏仁子《アンニンゴ》の香ウワミズザクラ

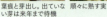

ウワミズザクラは北海道から九州の小川のそばなど、やや湿った場所が好きです。ウワミズザクラは、桜という名前ですが、花の形はずいぶん違います。ビン洗いブラシのような白い花が咲き、花の柄に葉っぱがつきます。イヌザクラも同じような花を咲かせますが、花の柄に葉はつきません。

ウワミズザクラの冬芽は葉痕の横っちょにずれてつき、葉痕が顔で芽がタンコブのように見えてしまいます。このタンコブから新しい枝を伸ばしますが、なぜか秋にはほとんどの枝を落としてしまいます。だからウワミズザクラの枝はゴツゴツした感じになります。

一方イヌザクラの冬芽は赤く尖り、犬とついている割にスタイリッシュな冬芽と枝振りです。なぜウワミズザクラはせっかく出した枝を落としてしまうのでしょう？　落ちずに残ったわずかな一年枝でこつこつ樹形を作るようですが、お試し枝で注意深く精査しているのでしょうか？　まるで、三歩進んで二歩下がる人生みたいです。

ウワミズザクラのつぼみを塩漬けにした桜の香りの漬物を杏仁子《あんにんご》、若い実を漬けたお酒を杏仁子酒と呼び、お酒は不老長寿、咳止めなどに効くとされています。実は黒く熟したものは甘く食べられます。材は緻密で強靭、床柱や器具、彫刻、版木などに利用されます。

古代日本で鹿の骨の裏に溝をつけて、この木で燃やして占ったので、占（裏）溝桜からウワミズザクラになったといわれます。

みんなが頑張る夏、休みますが何か？

ジンチョウゲ科

オニシバリ

Daphne pseudomezereum

見つけやすさ ★☆☆
花の美しさ ★★★
したたかさ ★☆☆

漢字名：鬼縛り

別名：ナツボウズ

類似種：ナニワズ、チョウセンナニワズ

広葉樹／常緑樹／低木／雌雄異株

英名：Oni shibari, Mezereon

花期：2～4月

果実期：5～7月

おもな植栽地・生息地：公園、里山

原産地：日本、中国、朝鮮半島

自生地、人為的分布：福島県以西、四国、九州

おもな用途：樹皮は紙の原料に

実が熟す初夏、落葉し始める

ナニワズの実

ナニワズの黄色い花

オニシバリの薄い緑の花

木をおぼえる短歌

変わり者　冬に葉つけて夏落とす
ナツはボウズと人は呼ぶなり

落葉樹は秋に葉を落とすものだと思っていたら大間違い。オニシバリ（ナツボウズ）は小さな木ですが、みんなが葉を出して頑張っている暑い夏に落葉し、涼しくなり始めてから葉を出します。落葉樹のほとんどは冬休みをとるのに、オニシバリは夏休み。かなりの変わり者です。暑い時期は呼吸量が増えるので、光合成を盛んにしても儲けがあまりありません。それに夏は周りの葉が茂り、日陰になってしまうので、他の木が落葉してから稼いだ方が得だからでしょうか？　そういえば在来のタンポポも、夏は葉を減らし夏休みをとります。こういう植物は、秋に葉を落とす植物がそばにいることが重要となります。

オニシバリと同じような植物にナニワズがあります。オニシバリの花は薄い緑ですが、ナニワズは黄色い花を咲かせます。オニシバリは太平洋側、ナニワズは日本海側ですみ分けているようです。このような同じライフスタイルの木同士で競争したら共倒れになるからでしょうか。二つに似たチョウセンナニワズがあるのですが、なんと秋に葉を落とすタイプで大衆に同調しています。夏の落葉樹がほぼいない現実、そろそろみんなと合わせたほうがいいんじゃない？　と心配になります。

オニシバリは強靭な樹皮を持ち、そのため鬼縛りとなったようです。雌雄異株で雌の木になる赤い実は有毒です。変わり者のオニシバリも、みんなと同じ春に香りのよい花を咲かせ虫を呼びます。

苗の持ち込みで甚大な被害を招く

ブナ科

クリ

Castanea crenata

見つけやすさ 3/3
花の美しさ 1/3
したたかさ 2/3

漢字名：栗

別名：シバグリ、ヤマグリ

類似種：クヌギ

広葉樹／落葉樹／高木／雌雄同株・異花

英名：Japanese chestnut

花期：6～7月

果実期：9～10月

おもな植栽地・生息地：畑、公園、里山

原産地：日本、朝鮮半島

自生地：北海道西南部～九州

人為的分布：北海道中部以南

おもな用途：実は食用。材は建材、枕木、家具などに

葉の鋸歯に葉緑素がある。クヌギはない

冬芽も栗の形

クリの実

紐のような雄花（右）とトゲがある雌花（左上）

木をおぼえる短歌

雌花からイガグリ頭　鋸歯緑　クリの形の冬芽が笑う

クリは縄文時代から栽培され、重要な食料です。北海道南部から九州に分布し、ブナ林と照葉樹林の中間地帯に多く、その植生をクリ帯と呼びます。野生のクリは実は小さいですが甘くておいしいです。クリの花は匂いがあり虫媒花ですが、風でも結実するようです。自分の花粉では結実が難しい自家不和合性なので、受粉方法は手を広げています。

クリにはクリタマバチという害虫がいて、虫こぶを作り花が咲かなくなります。戦後、中国から持ち帰った苗からこの害虫が広がってしまったようです。外来生物は天敵がいないので被害は甚大。中国から天敵のチュウゴクオナガコバチを輸入したり、クリタマバチに強い品種を栽培したりしています。

逆にクリ胴枯病は、アメリカのクリを壊滅状態にしました。この病気は日本のクリを品種改良に使おうとアメリカに持ち込み広がったのではないかといわれています。アジア原産の病原菌だと思われるので、中国や日本のクリはこの病気に強いようです。クリ胴枯病菌にウイルスを感染させ弱体化する研究もあり、病原菌も病気にかかるんだと感心します。

以前キャンプ場のクリが枯れ、病害虫かと心配されていたのですが、枯れているのは人の集まる広場のクリだけでした。岩盤がすぐに出てくる浅い土で、大勢の人が踏む踏圧害が原因でした。根が枯れたことにより枝葉も枯れてしまったのです。クリの病害虫は多いですが、足元に原因があることもあります。

クロモジの枝の謎

クスノキ科

クロモジ

Lindera umbellata

見つけやすさ
花の美しさ
したたかさ

漢字名：黒文字

別名：ヨウジノキ、クロキ、トリシバ、フクギほか

類似種：ヤマコウバシほか

広葉樹／落葉樹／低木／雌雄異株

英名：Spicebush

花期：3～4月

果実期：9～10月

おもな植栽地・生息地：公園、里山

原産地：日本

自生地、人為的分布：本州～九州（北部）

おもな用途：若枝は楊枝に。枝葉は蒸留して黒文字油に

不思議な枝伸び。一年前の節は枝の途中にある

雌の木になる実

雄花と新葉。芽は枝先にしかない

ヤジロベエのような葉芽と花芽

木をおぼえる短歌

青き枝香りすがしい爪楊枝　まんまる花芽はじけるクロモジ

クロモジは本州から九州に分布します。落葉樹の下によく生えている低木です。

クスノキ科のクロモジは香りがよく、枝をかじるとスーッといい香りがします。枝が高級爪楊枝になり、皮を残して削って作られ、和菓子などに添えられます。この枝をお酒に漬けてクロモジ酒も作ることができます。焼酎に漬けた枝を一週間ぐらいで取り出すと、爽快感漂うお酒ができます。

クロモジは雌雄異株で、雌株には黒い実がなります。花芽がまん丸くポンポンのようで、葉芽の両脇に二つつきます。春にくす玉が割れるように小さな雄花が飛び出します。若い枝は緑で、古くなると黒いシミのようなものがついているものがあります。これが文字に見えるから黒文字と呼ばれるとあったのですが、どうみても文字には見えません。室町時代、語尾に「〜もじ」をつける女房言葉というのがあり、楊枝のことをクロモジと呼ぶことが名の由来だという説もあります。クロモジは昔から楊枝として使われ、日常の生活に溶け込んでいたんですね。

クロモジの枝の出方は変わっていて、冬芽が伸びると連続して枝分かれまで行います。枝の先端にしか冬芽が無いものが多く不思議に思っていたら、枝分かれまでがセットで芽に格納されているようなのです。だからクロモジの枝ぶりはまるで一筆書きのようにしなやか。枝のシルエットが黒い文字に見えはしないかと、眺めているところです。

黄金の葉、ふわ見に狂う春

クスノキ科

シロダモ

Neolitsea sericea

見つけやすさ
花の美しさ
したたかさ

漢字名：白だも

別名：シロタブ、タブガラ、タマガヤ、オキノミノキ

類似種：タブノキ、ヤブニッケイ、ニッケイ、クスノキほか

広葉樹／常緑樹／高木／雌雄異株

英名：Shiro-damo

花期：10〜11月

果実期：10〜12月

おもな植栽地・生息地：公園、里山

原産地：日本

自生地、人為的分布：宮城・山形県以南〜沖縄

おもな用途：種はろうそく油に。材は建築、器具、薪炭に

金色でふわふわの新葉

金色の芽

一年かけて作る実

雄花にハエの仲間が来ている

木をおぼえる短歌

晩春に黄金の葉のシロダモは　実に一年とスローなライフ

シロダモの新葉は黄金の毛に包まれていて、毎春触りながら「いい仕事してますなー」とつぶやかずにはいられません。葉っぱふわふわランキングがあったなら、絶対一位になるでしょう。ただ、ふわふわなのは春のひとときだけ（木によっては秋も）で、夏には硬い葉になります。期間限定でシロダモのふわふわに狂います。これを花見ならぬ「ふわ見」と呼ぶのは私と数人の友人だけです。

シロダモは、いい仕事の葉っぱを一〜四年大事に使います。常緑樹はだいたい一年、落葉樹が半年で葉を使い捨てにしているのに比べると、シロダモは物持ち良い木なのです。ツバキ（P144）、タラヨウ（P056）、ヤブニッケイ（P128）なども葉の寿命が長い方です。一般的に光合成が盛んな上方の葉より、下方や光合成をあまりやっていない日陰の葉が長持ちです。

シロダモは雌雄異株で、雌株に赤い実がなります。実がなるのに一年もかけていて、花と一緒に実が見られます。ドングリや松ぼっくりは二年目に実るものがありますが、大きくも複雑でもないこの赤い実に一年は、ゆっくりすぎでは？　葉も大事に使いますが、実もじっくり作るこだわり派のようです。昔は、この種から油をしぼって灯火に利用していたようです。実は鳥が運びますが、是非うちの庭に種を落として欲しい木です。

宮城県以南から沖縄に分布し、林縁などで普通に見られる地味な木です。葉の裏が白いので「裏がシロダモーん」と覚えてください。

その吹き出物、使えるネ

ウルシ科

ヌルデ

Rhus javanica

見つけやすさ
花の美しさ
したたかさ

漢字名：白膠木

別名：フシノキ、カチノキ

類似種：ヤマウルシ、オニグルミ、サワグルミ

広葉樹／落葉樹／小高木／雌雄異株

英名：Japanese sumac

花期：8〜9月

果実期：10〜11月

おもな植栽地・生息地：公園、里山

原産地：日本

自生地、人為的分布：北海道〜沖縄

おもな用途：実は薬用。材は木彫、木札、木箱に。虫こぶは染料（五倍子）。樹液は塗料に

樹皮から出ている樹液

虫こぶ（五倍子）は鉄媒染で紫に染まる

毛におおわれる冬芽

ぬるで塩

雄花

木をおぼえる短歌

翼がある複葉五倍子《ふし》染《ぞ》め　ぬるで塩ロウソク
塗りもの器用貧乏

ヌルデは、アカメガシワ（P210）と同様、日当たりの良い所に真っ先に陣取る先駆樹種、空き地の野次馬です。大きくなる木ではないので、周りに木が増えて日陰になると枯れていく陽樹です。種が長期間休眠でき、光が当たるのをひたすら待っているようなので、野次馬というより、辛抱強い子なのかもしれません。葉は羽状複葉で鋸歯があり、柄に翼があり、裏に毛もあります。ウルシの仲間ですが、かぶれる成分はほとんど含まれていないようです。ヌルデの名の由来は、ウルシに似た白い樹液を塗料にしていたためで、白い樹脂は放っておくと黄色くなり、カチカチに固まります。

雌雄異株で、小さな白い花には虫がたくさん集まり、秋に雌の木に実がなります。この実に白い結晶（リンゴ酸カルシウム）が浮き出ているものを「ぬるで塩」と呼んで、塩の代用品にしていました。葉にできる虫こぶはヌルデシロアブラムシの寄生ででき、五倍子《ごばいし》と呼ばれます。このアブラムシはチョウセンゴケ類とヌルデを行き来しているようです。五倍子はタンニンを含み、昔は女性のお歯黒や歯痛にも利用されたようです。紫に染める染料としても使われます。ヌルデの材は柔らかく加工しやすいため、木彫なども作られ、そして紅葉もきれい。ここまで使える木ってそうないと思いますが、北海道から沖縄に普通に見られ珍しくもなく、虫こぶで吹き出物だらけの葉っぱがイマイチ垢ぬけない、器用貧乏のヌルデなのでした。

ニット帽のドングリは、時間がかかります

ブナ科

アカガシ

Quercus acuta

見つけやすさ
花の美しさ
したたかさ

漢字名:赤樫

別名:オオガシ、オオバガシ

類似種:マテバシイ、アラカシほか

広葉樹/常緑樹/高木/雌雄同株・異花

英 名:Japanese evergreen oak

花期:5〜6月

果実期:10〜11月

おもな植栽地・生息地:公園、里山

原産地:日本、中国、朝鮮半島

自生地、人為的分布:宮城県以西、四国、九州

おもな用途:材は器具、船舶、機械、枕木、木刀に

カシノアカカイガラムシ

アカガシの芽

殻斗には毛があり、ニット帽のよう

ぶら下がる雄花

木をおぼえる短歌

ニット帽かぶるドングリアカガシは　赤い木目で木刀作る

アカガシは材が赤いので赤樫になりました。アカガシは高級な木刀で有名です。堅くて丈夫で色もよくて、剣道をやっている息子の憧れの木です。

三ツ塚古墳で出土した修羅は、巨大なアカガシを使ったソリで、古代の重機です。大きな石を運ぶときに使いました。大石をたいしゃくと読んで、帝釈天を動かせるのは阿修羅だけということで、大きな石を動かすソリのことを修羅と呼ぶようになったそうです。昔の人はネーミングもしゃれてますね。

アカガシは宮城県から九州に分布します。木は大きくなり、名木とされる木も多いです。葉は柄が比較的長くギザギザがなく、枝の先に集まってつきます。ドングリは、目立たない雌花が咲いてから二年目に実ります。秋に花が咲いて、一年目は全く変化なく、二年目に急速に実がふくらむようです。帽子はシマシマで毛が生えているニット帽。二年目にできるドングリは他にクヌギやアベマキ、ウラジロガシがあります。コナラ、カシワ、シラカシは一年目で実ります。

アカガシやシラカシのザラザラした樹皮の下には、だいたいカシノアカカイガラムシがいます。赤い小さなカイガラムシで、年をとった木や元気のない若い木につきます。もともとさらっとしている樹皮ですが、このカイガラムシのおかげでお肌が荒れてしまいます。でも木を枯らすほどの力はなく、老樹の風合いにもなっていると思います。

索引

あとがき

この本のお話を二〇一七年の二月末にいただき、樹種を決めて二カ月、一日三種ペースで原稿を書きました。どうにも書けないときは自転車を飛ばして樹木に会いに行くと、なんらかのヒントをくれます。私自身まだまだわからないことだらけで、勉強不足を思い知らされました。この本は図鑑のように完成されてはいないけれど、樹木に興味を持つきっかけにしてもらえればうれしいです。

私はよく小学校へ出前授業をしにいきます。「この葉っぱ、どんな匂い？」、「この実、何に見える？」という問いかけに、固定観念のない子どもたちは、いとも簡単に面白い答えを出します。植物に関心のない人にとって、「〇〇みたい」というのはとても大事で、気の利いた表現であればあるほど、木に親密感を持ってもらえます。

この本では、多くの幼児、小学生、大学生、主婦の方々から仕入れた「〇〇みたい」を、大いに活用させていただきました。固定観念の強い樹木医などにとってみれば、みなさんのそれは、世界が平和になるのではないかと思うぐらいの癒しです。この場をお借りしてお礼を申し上げます。

また、この本を書くにあたって、たくさんの方々にご迷惑をかけ、ご協力をいただきました。植物撮影にご協力いただいた智光山公園の職員の皆様や自宅の隣近所の皆様。樹木医の資格制度を作った堀大才先生、樹木医の岩崎哲也氏、森林インストラクター協会の寺嶋嘉春氏には、唐突な質問攻めにもお答えいただきました。樹木医の新井孝次朗氏には沢山のアドバイスをいただき、大変勉強になりました。

そして、いつも一緒に街歩きをしている樹木部の友人たち。彼女らがいなければ、植物の小さな出来事を見過ごしていたでしょう。今後ともお友達でいてください。

「またやってるよ」とあきれながらも支えてくれた家族、校閲マニアの父と妹たち、皆様本当にありがとうございました。

加えて、ヒントをくれた樹木たちに、感謝をこめてこの本をささげたいと思います。

岩谷美苗

参考文献

『植物の世界』
16,19,29,30,31,32,33,34,37,38,39,41,42,44,49,50,51,52,53,58,59,62,63,64,65,68,76,77,87,88,89,90,99,100,124,126,127,128,129,130,144
（朝日新聞社）
『里山の花木ハンドブック～四季を彩る華やかな木々たち～』多田多恵子 著（NHK 出版）
『植物の生態図鑑』多田多恵子 総監修（学研）
『樹木の葉』林将之 著（山と渓谷社）
『くらべてわかる木の葉っぱ』林将之 著（山と渓谷社）
『都市の樹木』岩崎哲也 著（文一総合出版）
『都会の木の花図鑑』石井誠治 著（八坂書房）
『冬芽ハンドブック』広沢毅 著（文一総合出版）
『校庭のくだもの』鈴木邦彦・岩瀬徹 共著（全国農村教育協会）
『樹に咲く花　離弁花①』石井英美・崎尾均・城川四郎ほか 解説（山と渓谷社）
『樹に咲く花　離弁花②』太田和夫・勝山輝男・高橋秀男ほか 解説（山と渓谷社）
『樹に咲く花　合弁花・単子葉・裸子植物』城川四郎・高橋秀男・中川重年ほか 解説（山と渓谷社）
『樹木診断調査法』堀大才 編著（講談社）
『絵でわかる樹木の知識』堀大才 著（講談社）
『現代の樹木医学　要約版』アレックス L. シャイゴ 著　日本樹木医会 訳編（日本樹木医会）
『植物化石　5億年の記憶』西田治文・塚腰実 著（INAX 出版）
『カビ図鑑』細矢剛・出川洋介・勝本謙 著（全国農村教育協会）
『植物のパラサイトたち—植物病理学の挑戦』岸國平 著（八坂書房）
『菌類のふしぎ—形とはたらきの驚異の多様性』国立科学博物館 編（東海大学出版会）
『奇妙な菌類』白水貴 著（NHK 出版）
『虫こぶ入門』薄葉重 著（八坂書房）
『図解樹木の診断と手当て　木を診る 木を読む 木と語る』堀大才・岩谷美苗 共著（農文協）
『街の木のキモチ　樹木医のおもしろ路上診断』岩谷美苗 著（山と渓谷社）
『街の木ウォッチング～オモシロ樹木に会いにゆこう』岩谷美苗 著（東京学芸大学出版会）

掲載写真一覧

photolibrary（P026 樹木全像、P032 樹木全像、P036 葉・ナナカマド花・実、P038 樹木全像・サザンカ花、P040 花、P048 花、P050 雌花、P052 樹木全像、P060 樹木全像、P066 葉、P070 葉・樹木全像、P072 樹木全像、P086 セイヨウハコヤナギ樹形、P090 樹木全像、P102 樹木全像、P104 樹木全像、P106 樹木全像・雄花・果穂、P108 樹木全像、P110 樹木全像、P114 樹木全像、P116 樹木全像・樹皮、P118 樹木全像、P120 樹皮、P122 樹木全像、P128 実、P130 樹木全像・花、P134 葉、P138 球果、P140 雄花、P140 雄花、P150 樹木全像・右下２実、P152 樹木全像、P154 樹木全像、P156 樹木全像、P158 実、P160 樹木全像・玉串、P164 樹木全像、P166 樹木全像・樹皮・花、P172 実、P174 葉・樹木全像、P182 樹木全像・花・実、P184 樹木全像・雄花、P190 花・実、P192 樹木全像・雄花・殻斗、P196 樹木全像、P198 樹木全像・ナツメヤシ、P200 樹木全像・コマユミ、P202 樹木全像・花・実、P204 樹木全像・樹皮、P210 樹木全像・樹皮、P212 花、P214 樹木全像・樹皮・花、P216 樹木全像、P220 樹木全像、P222 樹木全像・雄花・実、P228 樹皮、P230 樹木全像、P234 葉・樹木全像・雄花、P236 樹木全像）

PIXTA（オビ左２クロガネモチ、P034 雌花、P036 樹木全像、P050 樹木全像、P064 樹木全像・雄花、P066 樹木全像、P074 樹木全像、P076 樹木全像、P088 雄花、P094 樹木全像・実、P104 花、P128 花、P132 雄花、P144 樹皮、P152 実、P176 樹木全像、P182 樹皮、P184 樹皮・材、P206 実、P216 樹皮・花、P220 花、P236 雄花）

stock.foto（P042 樹皮 =Monchai Tudsamalee、P120 花 =é é¾）

岩崎哲也（P188 雌花）

（社）街の木ものづくりネットワーク 湧口善之（P202 材）

岩谷美苗（上記以外すべて）

著者紹介

岩谷美苗（いわたに・みなえ）

　1967年、島根県の兼業農家に生まれる。小さい頃から薪割り、風呂焚き、牛の世話……は気が向いたら手伝い、田んぼに田植えをするも、ヒルだらけの母の足を見ていやになり、家で編み物や本を読む内向的な幼少期を過ごす。東京学芸大学入学を機に上京。探検部に入部したことで野生の本能がめざめ、山に入り浸ってキノコにはまる。大学卒業後、森林インストラクター第一期の試験に合格し、たまたま女性初の森林インストラクターとなる。味をしめて樹木医の試験も受け、1998年、樹木医に。2000年、調子にのって「NPO法人樹木生態研究会」を設立し、現在、窓際理事。

　電車の先頭車両に乗り、線路に生えているキリを探す「桐《きり》鉄《てつ》」が趣味。キノコ、子ども大好き。「街の木らぼ」代表。

　著書に『図解樹木の診断と手当』（堀大才と共著・農文協）、『街の木のキモチ』（山と渓谷社）、『街の木ウォッチング〜オモシロ樹木に会いに行こう』（学芸大学出版会）ほか。

　『街の木ウォッチング』は、全国学校図書館協議会・第50回（2017年）夏休みの本（緑陰図書）、中学校の部に選定。

■ブログ「街の木コレクション」 http：//machinoki.blog100.fc2.com/
■フェイスブック「街の木ウォッチンググループ」（ご参加お待ちしてます！） https：//www.facebook.com/groups/493851360641551/

編集　山本浩史（東京書籍）
編集協力　株式会社デコ
装幀　長谷川理（phontage guild）
本文デザイン・DTP　川端俊弘（WOOD HOUSE DESIGN）

散歩《さんぽ》が楽《たの》しくなる　樹《き》の手帳《てちょう》

2017年 8月 8日　第1刷発行
2019年 3月25日　第3刷発行

著　者　岩谷美苗《いわたにみなえ》

発行者　千石雅仁
発行所　東京書籍株式会社
東京都北区堀船2-17-1　〒114-8524
電　話　03-5390-7531（営業）　03-5390-7508（編集）
http://www.tokyo-shoseki.co.jp
印刷・製本　図書印刷株式会社

ISBN978-4-487-81068-0 C0045